길벗스쿨

기적의 문제 해결법

초등 5-1

5

길벗스쿨

유형 탄생의 비밀을 알면
최상위 수학문제도 만만해!

🌟 최상위 수학학습, 사고하는 과정이 중요하다!

개념 이해를 확인하는 기본 수학문제는 보는 순간 쉽게 풀어 정답을 구할 수 있습니다.

이때는 문제가 비교적 단순해서 깊은 사고가 필요하지 않습니다.

그렇다면 어려운 수학문제는 어떨까요?

'도대체 무엇을 구하라는 것이지? 어떤 방법으로 풀어야 하지?' 등 문제를 이해하는 것부터

어떤 개념을 적용하여 어떤 순서로 해결할지 여러 가지 생각을 하게 됩니다.

만약 답이 틀렸다면 문제를 다시 읽고, 왜 틀렸는지 생각하고, 옳은 답을 구하기

위해 다시 계획하고 실행하는 사고 과정을 반복하게 됩니다. 이처럼 어려운 문제를

해결하기 위해 논리적으로 사고하는 과정 속에서 수학적 사고력과 문제해결력이

향상됩니다. 이것이 바로 최상위 수학학습을 해야 하는 이유입니다.

수학은 문제를 해결하는 힘을 기르는 학문이에요. 선행보다는 심화가 실력 향상에 더 도움이 됩니다.

🌟 최상위 수학학습, 초등에서는 달라야 한다!

어려운 수학문제를 논리적으로 생각해서 풀기란 쉽지 않습니다.

논리적 사고가 완전히 발달하지 못한 초등학생에게는 더더욱 힘든 일입니다.

피아제의 인지발달 단계에 따르면 추상적인 개념에 대한 논리적이고

체계적인 사고는 11세 이후 발달하며, 그 이전에는 자신이 직접 경험한

구체적 경험 중심의 직관적, 논리적 조작사고가 이루어집니다.

이에 초등학생의 최상위 수학학습은 중고등학생과는 달라야 합니다.

초등학생의 심화학습은 학생의 인지발달 단계에 맞게 구체적 경험을

통해 논리적으로 조작하는 사고 방법을 익히는 것에 중점을 두어야 합니다.

그래야만 학년이 올라감에 따라 체계적, 논리적 사고를 활용하여 학습할 수 있습니다.

초등학생은 아직 추상적 개념에 대한 논리적 사고력이 부족하므로 중고등학생과는 다른 학습설계가 필요합니다.

초등 1, 2학년	• 암기력이 가장 좋은 시기 • 구구단과 같은 암기 위주의 단순반복 학습, 개념을 확장하는 선행심화 학습 • 호기심이나 상상을 촉진하는 다양한 활동을 통한 경험심화 학습
초등 3, 4학년	• 구체적 사물들 간의 관계성을 통하여 사고를 확대해 나가는 시기 • 배운 개념이 다른 개념으로 어떻게 확장, 응용되는지 구체적인 문제들을 통해 인지하고, 그 사이의 인과관계를 유추하는 응용심화 학습
초등 5, 6학년	• 추상적, 논리적 사고가 시작되는 시기 • 공부의 양보다는 생각의 깊이를 더해 주는 사고심화 학습

유형 탄생의 비밀을 알면 해결전략이 보인다!

중고등학생은 다양한 문제를 학습하면서 스스로 조직화하고 정교화할 수 있지만
초등학생은 아직 논리적 사고가 미약하기에 스스로 조직화하며 학습하기가 어렵습니다.
그러므로 최상위 수학학습을 시작할 때 무작정 다양한 문제를 풀기보다 어려운 문제들을 관련 있는
것끼리 묶어 함께 학습하는 것이 효과적입니다. 문제와 문제가 어떻게 유기적으로 연결, 발전되는지
파악하고, 그에 따라 해결전략은 어떻게 바뀌는지 구체적으로 비교하며 학습하는 것이 좋습니다.
그래야 문제를 이해하기 쉽고, 비슷한 문제에 응용하기도 쉽습니다.

◉ 최상위 수학문제를 조직화하는 3가지 원리 ◉

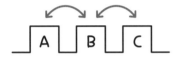

해결전략이나 문제형태가
비슷해 보이는 유형

1. 비교설계

비슷해 보이지만 다른 해결전략을 적용해야 하는 경우와 똑같은 해결전략을 활용
하지만 표현 방식이나 소재가 다른 경우는 함께 비교하며 학습해야 해결전략의
공통점과 차이점을 확실히 알 수 있습니다. 이 유형의 문제들은 서로 혼동하여 틀
리기 쉬우므로 문제별 이용되는 해결전략을 꼭 구분하여 기억합니다.

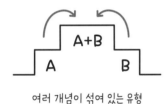

여러 개념이 섞여 있는 유형

2. 결합설계

수학은 나선형 학습! 한 번 배우고 끝나는 것이 아니라 개념에 개념을 더하며 확
장해 나갑니다. 문제도 여러 개념을 섞어 종합적으로 확인하는 최상위 문제가 있
습니다. 각각의 개념을 먼저 명확히 알고 있어야 여러 개념이 결합된 문제를 해
결할 수 있습니다. 이에 각각의 개념을 확인하는 문제를 먼저 학습한 다음, 결합
문제를 풀면서 어떤 개념을 먼저 적용하는지 해결순서에 주의하며 학습합니다.

문제의 조건이 변하며
난이도가 올라가는 유형

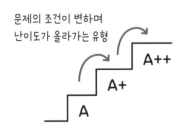

3. 심화설계

어려운 문제는 기본 문제에서 조건을 하나씩 추가하거나 낯설게 변형하여 만
듭니다. 이때 문제의 조건이 바뀜에 따라 해결전략, 풀이 과정이 알고 있는 것과
어떻게 달라지는지를 비교하면서 학습하면 문제 이해도 빠르고, 해결도 쉽습니
다. 나아가 더 어려운 문제가 주어졌을 때 어떻게 적용할지 알 수 있어 문제해결
력을 키울 수 있습니다.

유형 탄생의 세 가지 비밀과 공략법
1. 비교설계 : 해결전략의 공통점과 차이점을 기억하기
2. 결합설계 : 개념 적용 순서를 주의하기
3. 심화설계 : 조건변화에 따른 해결과정을 비교하기

해결전략과 문제해결과정을 쉽게 익히는
기적의 문제해결법 학습설계

기적의 문제해결법은 최상위 수학문제를 출제 원리에 따라 분리 설계하여 문제와 문제가 어떻게 유기적으로 연결,
발전되는지, 그에 따른 해결전략은 어떻게 달라지는지 구체적으로 비교 학습할 수 있도록 구성되어 있습니다.

1 해결전략의 공통점과 차이점을 비교할 수 있는 'ABC 비교설계'

A [원의 크기가 같을] 때 반지름 구하기
　　　↳ 지름과 반지름의 관계를 비교

　　B [원이 포개어 있을] 때 반지름 구하기
　　　　↳ 작은 원의 위치에 따른 비교

　　　C [원이 겹쳐 있을] 때 반지름 구하기
　　　　　↳ 작은 원의 크기에 따른 비교

　　　　D [크기가 다른 원이 맞닿아 있을] 때 지름 구하기

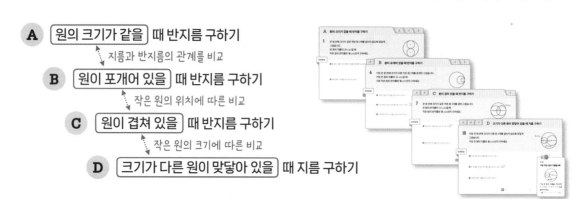

2 각 개념을 먼저 학습 후 결합문제를 해결하는 'A+B 결합설계'

A [분자에 ■가] 있는 식 완성하기
　　　⊕
B [분모에 ■가] 있는 식 완성하기

A+B [어떤 분수] 구하기
　　분자, 분모가 될 수 있는 수의 조건을 알아야
　　결합문제 해결 가능

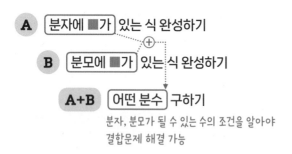

3 조건 변화에 따른 풀이의 변화를 파악할 수 있는 'A++ 심화설계'

A [가장 큰] 수 만들기

　A+ [세 번째로 큰] 수 만들기

　　A++ [자리 숫자가 정해진 가장 큰] 수 만들기
　　　　문제 조건에 따라
　　　　큰 수 만드는 풀이 변화 확인

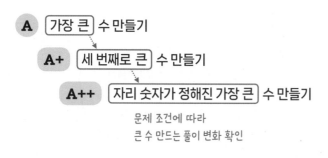

수학적 문제해결력을 키우는
기적의 문제해결법 구성

Step 1
계획부터 점검까지

언제, 얼마나 공부할지 스스로 계획하고, 학습 후 기억에 남는 내용을 기록하며 스스로 평가합니다. 이때, 내일 다시 도전할 문제, 한 번 더 풀어 볼 문제, 비슷한 문제를 찾아 더 풀어 보기 등 구체적으로 나의 학습 상태를 기록하는 것이 좋습니다.

Step 2
단계별로 문제해결

학기별 대표 최상위 수학문제 40여 가지를 엄선!
다양한 변형 문제들을 3가지 원리에 따라 조직화하여
해결전략과 해결과정을 비교하면서 학습할 수 있습니다.

Step 3
스스로 문제해결

  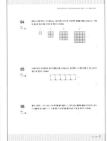 

정답을 맞히는 것도 중요하지만, 어떻게 이해하고 논리적으로 사고하는지가 더 중요합니다. 정답뿐만 아니라 해결과정에 오류나 허점은 없는지 꼼꼼하게 확인하고, 이해되지 않는 문제는 관련 유형으로 돌아가서 재점검하여 이해도를 높입니다.

이름

의 공부 다짐

나 _____ 은(는) 「기적의 문제해결법」을 공부할 때

1 스스로 계획하고 실천하겠습니다.

- 언제, 얼마만큼(공부 시간과 학습량) 공부할 것인지 나에게 맞게, 내가 정하겠습니다.
- 채점을 하면서 틀린 부분은 없는지, 틀렸다면 왜 틀렸는지도 살펴보겠습니다.
- 오늘 공부를 반성하며 다음에 더 필요한 공부도 계획하겠습니다.

2 일단, 내 힘으로 풀어 보겠습니다.

- 어떻게 풀지 모르겠어도 혼자 생각하며 해결하려고 노력하겠습니다.
- 생각하지도 않고 부모님이나 선생님께 묻지 않겠습니다.
- 풀이책을 보며 문제를 풀지 않겠습니다.

  풀이책은 채점할 때, 채점 후 왜 틀렸는지 알아볼 때만 사용하겠습니다.

3 딱! 집중하겠습니다.

- 딴짓하지 않고, 문제를 해결하는 것에만 딱! 집중하겠습니다.
- 목표로 한 양(또는 시간)을 다 풀 때까지 책상에서 일어나지 않겠습니다.
- 빨리 푸는 것보다 집중해서 정확하게 푸는 것이 더 중요함을 기억하겠습니다.

4 최상위 문제! 나도 할 수 있습니다.

- 매일 '나는 수학을 잘한다, 수학이 만만하다, 수학이 재미있다'라고 생각하겠습니다.
- 모르니까 공부하는 것! 많이 틀렸어도 절대로 실망하거나 자신감을 잃지 않겠습니다.
- 어려워도 포기하지 않고 계속! 도전하겠습니다.

차례

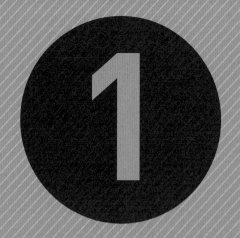

1

자연수의 혼합 계산

학습기록표

식이 성립하도록 완성하기

A 식이 성립하도록 ( )로 묶기

1 식이 성립하도록 ( )로 묶으세요.

$$33 - 7 + 4 \times 2 = 18$$

문제해결

❶ ( )가 있으면 계산 순서가 바뀌는 부분을 찾아 식을 ( )로 묶어 계산하기

┌ ( )가 없는 경우

$33 - 7 + 4 \times 2 =$ 34 $33 - (7 + 4) \times 2 =$ ☐

$33 - 7 + 4 \times 2 =$ ☐ $33 - 7 + 4 \times 2 =$ ☐

❷ ❶에서 계산 결과가 18이 되는 것을 찾아 위의 식에 ( ) 표시하기

비법 ( )가 있으면
계산 순서가 달라지는 부분을 찾아!

( )가 없으면 $\times$, $\div$를 먼저 계산하지만
( )가 있으면 ( ) 안부터 계산하므로
$\times$, $\div$ 보다 먼저 계산되는 부분이 생기도록
식을 ( )로 묶어요.

2 식이 성립하도록 ( )로 묶으세요.

$$12 + 54 \div 6 \times 3 = 15$$

3 식이 성립하도록 ( )로 묶으세요.

$$2 \times 49 - 14 \div 7 + 11 = 23$$

A

B 식이 성립하도록 +, −, ×, ÷ 기호 써넣기

4 식이 성립하도록 ◯ 안에 +, −, ×, ÷를 한 번씩 알맞게 써넣으세요.

$$46 \bigcirc 7 \bigcirc 6 \bigcirc 25 \bigcirc 5 = 9$$

문제해결

❶ ÷가 들어가는 곳을 가장 먼저 찾아 ◯ 안에 ÷ 써넣기

$$46 \bigcirc 7 \bigcirc 6 \bigcirc 25 \bigcirc 5 = 9 \,?$$

❷ ◯ 안에 +, −, ×, ÷를 한 번씩 넣어서 만든 식을 계산하기

$$46 (+) 7 (−) 6 (×) 25 (÷) 5 = \boxed{}$$

$$46 (+) 7 \bigcirc 6 \bigcirc 25 (÷) 5 = \boxed{}$$

$$46 (−) 7 \bigcirc 6 \bigcirc 25 (÷) 5 = \boxed{}$$

$$46 \bigcirc 7 \bigcirc 6 \bigcirc 25 (÷) 5 = \boxed{}$$

46 × 7 = 322로 계산 결과 9와 차이가 크므로 46과 7 사이에는 + 또는 −를 넣어요.

❸ ❷에서 계산 결과가 9가 되는 것을 찾아 위의 식의 ◯ 안에 +, −, ×, ÷를 써넣기

비법

÷의 위치에 주의해!

계산 결과가 자연수이므로 나눗셈이 나누어떨어져야 해요.

⇨ 46 ÷ 7 (×)

46 × 7 ÷ 6 (×)

6 + 25 ÷ 5 (◯)

6 × 25 ÷ 5 (◯)

5 식이 성립하도록 ◯ 안에 +, −, ×, ÷를 한 번씩 알맞게 써넣으세요.

$$32 \bigcirc 2 \bigcirc 9 \bigcirc 3 \bigcirc 4 = 13$$

6 식이 성립하도록 ◯ 안에 +, −, ×, ÷를 한 번씩 알맞게 써넣으세요.

$$(21 \bigcirc 3) \bigcirc 6 \bigcirc 4 \bigcirc 2 = 11$$

수 카드로 혼합 계산식 만들기

A ×, +, −가 섞여 있는 식의 계산 결과를 가장 크게, 가장 작게 만들기

B

1 수 카드 3 , 6 , 9 를 한 번씩 모두 사용하여 다음과 같은 식을 만들려고 합니다.

계산 결과가 가장 클 때와 가장 작을 때의 값을 차례로 구하세요.

$$15 \times (\square + \square) - \square$$

문제해결

❶ 계산 결과를 가장 크게 만드는 조건을 알아보고, 값 구하기

곱하는 수는 가장 크고, 빼는 수는 가장 (커야 , 작아야) 합니다. 😊?
└ 알맞은 말에 ○표 해요!

❷ 계산 결과를 가장 작게 만드는 조건을 알아보고, 값 구하기

곱하는 수는 가장 작고, 빼는 수는 가장 (커야 , 작아야) 합니다. 😊?

비법 곱셈과 뺄셈에 주목해!

· 곱하는 수가 클수록, 빼는 수가 작을수록 계산 결과가 커요.

$$15 \times (\square + \square) - \square$$
가장 크게 └ 가장 작은 수

· 곱하는 수가 작을수록, 빼는 수가 클수록 계산 결과가 작아요.

$$15 \times (\square + \square) - \square$$
가장 작게 └ 가장 큰 수

답 (,   )

2 수 카드 2 , 7 , 8 을 한 번씩 모두 사용하여 다음과 같은 식을 만들려고 합니다. 계산 결과가 가장 클 때와 가장 작을 때의 값을 차례로 구하세요.

$$28 \times (\square + \square) - \square$$

(,   )

3 수 카드 1 , 5 , 6 , 7 중에서 3장을 뽑아 한 번씩만 사용하여 다음과 같은 식을 만들려고 합니다. 계산 결과가 가장 클 때와 가장 작을 때의 값을 차례로 구하세요.

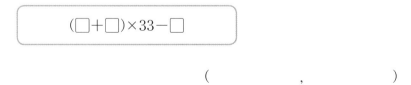

$$(\square + \square) \times 33 - \square$$

(,   )

| A | **B** ÷, ×, +가 섞여 있는 식의 계산 결과를 가장 크게, 가장 작게 만들기 |

4 수 카드 2 , 5 , 7 을 한 번씩 모두 사용하여 다음과 같은 식을 만들려고 합니다.
계산 결과가 가장 클 때와 가장 작을 때의 값을 차례로 구하세요.

$$140 \div (\square \times \square) + \square$$

문제해결

❶ 계산 결과를 가장 크게 만드는 조건을 알아보고, 값 구하기

나누는 수는 가장 작고, 더하는 수는 가장 [   ] 합니다. 😵?

❷ 계산 결과를 가장 작게 만드는 조건을 알아보고, 값 구하기

나누는 수는 가장 크고, 더하는 수는 가장 [   ] 합니다. 😵?

답 (,   )

비법 나눗셈과 덧셈에 주목해!

• 나누는 수가 작을수록, 더하는 수가 클수록 계산 결과가 커요.

$$140 \div (\underset{\text{가장 작게}}{\square \times \square}) + \underset{\text{가장 큰 수}}{\square}$$

• 나누는 수가 클수록, 더하는 수가 작을수록 계산 결과가 작아요.

$$140 \div (\underset{\text{가장 크게}}{\square \times \square}) + \underset{\text{가장 작은 수}}{\square}$$

5 수 카드 3 , 4 , 6 을 한 번씩 모두 사용하여 다음과 같은 식을 만들려고 합니다. 계산 결과
가 가장 클 때와 가장 작을 때의 값을 차례로 구하세요.

$$216 \div (\square \times \square) + \square$$

(,   )

6 수 카드 4 , 8 , 9 를 한 번씩 모두 사용하여 다음과 같은 식을 만들려고 합니다. 계산 결과
가 가장 클 때와 가장 작을 때의 값을 차례로 구하세요.

$$\square + 576 \div (\square \times \square)$$

(,   )

실생활에서 혼합 계산의 활용

A 거스름돈 구하기

B   C

1

민주는 3개에 3600원 하는 토마토 4개와
한 개에 950원 하는 키위 9개를 사고 15000원을 냈습니다.
거스름돈으로 얼마를 받아야 하는지 하나의 식으로 나타내어 구하세요.

문제해결

❶ 토마토 4개의 값, 키위 9개의 값을 구하는 식 완성하기

· 토마토 4개의 값: 3600÷3× ☐ 😊?

· 키위 9개의 값: 950× ☐

❷ 거스름돈으로 얼마를 받아야 하는지 하나의 식으로 나타내어 구하기

식 _____

답 (   )

비법 토마토 4개의 값은
토마토 1개 값의 4배!

" 3개에 3600원 하는 토마토 4개"를
샀으므로 토마토 1개의 값을 구하는
식을 먼저 알아봐요.

⇨ · (토마토 1개의 값)
    = 3600 ÷ 3
  · (토마토 4개의 값)
    = (토마토 1개의 값) × 4

2   석진이는 한 개에 250원 하는 사탕 8개와 5개에 2750원 하는 젤리 7개를 사고 10000원을 냈습니다. 거스름돈으로 얼마를 받아야 하는지 하나의 식으로 나타내어 구하세요.

식 _____

(   )

3   재연이는 용돈으로 5000원을 받았습니다. 이 돈으로 3개에 1500원 하는 지우개 5개와 4개에 1280원 하는 딱풀 6개를 샀습니다. 지우개와 딱풀을 사고 남은 돈은 얼마인지 하나의 식으로 나타내어 구하세요.

식 _____

(   )

| A | **B 나누어 가지고 남은 개수 구하기** | C |

4 재율이는 한 상자에 10개씩 들어 있는 초콜릿을 5상자 사서
동생과 똑같이 나누어 가지고 친구에게 9개를 주었습니다.
재율이에게 남은 초콜릿은 몇 개인지 하나의 식으로 나타내어 구하세요.

문제해결

❶ 재율이가 동생과 똑같이 나누어 가진 초콜릿의 수를 구하는 식 완성하기

동생과 똑같이 나누어 가진 초콜릿의 수: 10 × 5 ÷ ☐ 😃?

❷ 재율이에게 남은 초콜릿은 몇 개인지 하나의 식으로 나타내어 구하기 😃?

비법 **문장을 식으로 나타내!**
· 10개씩 5상자 ⇨ 10 × 5
· 동생과 똑같이 **나누어** ⇨ ÷ 2
· 친구에게 9개를 **주었습니다** ⇨ − 9

식 _____

답 ( )

5 새봄이는 한 묶음에 10권씩 들어 있는 공책을 3묶음 사서 언니와 똑같이 나누어 가지고 동생에게 4권을 주었습니다. 새봄이에게 남은 공책은 몇 권인지 하나의 식으로 나타내어 구하세요.

식 _____

( )

6 과자가 한 상자에 5개씩 들어 있습니다. 현우는 과자 9상자를 똑같이 3묶음으로 나누어 한 묶음을 가졌습니다. 이 중에서 동생에게 6개를 주고, 누나에게서 8개를 받았다면 현우가 가지고 있는 과자는 몇 개인지 하나의 식으로 나타내어 구하세요.

식 _____

( )

A **B** **C** 빈 상자의 무게 구하기

7 무게가 같은 공 4개가 들어 있는 상자의 무게를 재어 보니 355 g이었습니다.
이 상자에 무게가 같은 공 3개를 더 넣은 후 상자의 무게를 재어 보니 595 g이었습니다.
빈 상자의 무게는 몇 g인지 하나의 식으로 나타내어 구하세요.

문제해결

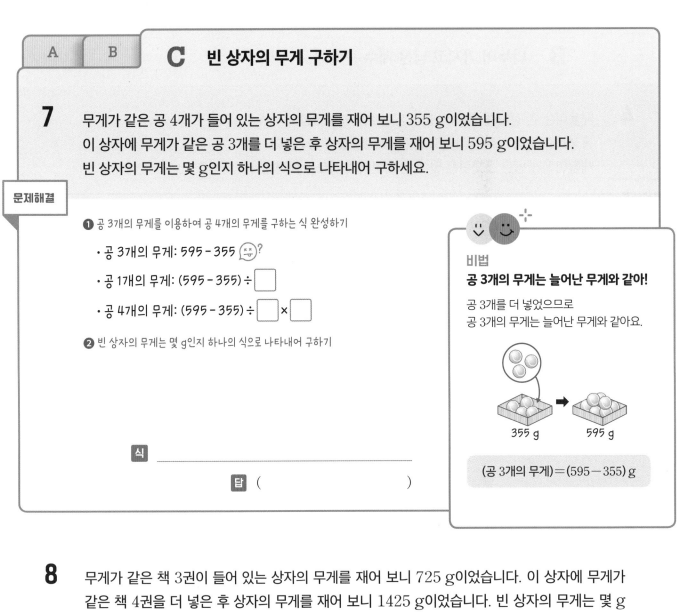

❶ 공 3개의 무게를 이용하여 공 4개의 무게를 구하는 식 완성하기

· 공 3개의 무게: 595 - 355 ?

· 공 1개의 무게: (595 - 355) ÷ ☐

· 공 4개의 무게: (595 - 355) ÷ ☐ × ☐

❷ 빈 상자의 무게는 몇 g인지 하나의 식으로 나타내어 구하기

비법
공 3개의 무게는 늘어난 무게와 같아!

공 3개를 더 넣었으므로
공 3개의 무게는 늘어난 무게와 같아요.

355 g → 595 g

(공 3개의 무게)=(595 - 355) g

식 _____

답 (   )

8 무게가 같은 책 3권이 들어 있는 상자의 무게를 재어 보니 725 g이었습니다. 이 상자에 무게가 같은 책 4권을 더 넣은 후 상자의 무게를 재어 보니 1425 g이었습니다. 빈 상자의 무게는 몇 g 인지 하나의 식으로 나타내어 구하세요.

식 _____

(   )

9 무게가 같은 구슬 5개가 들어 있는 상자의 무게를 재어 보니 192 g이었습니다. 이 상자에서 구슬을 2개 꺼낸 후 상자의 무게를 재어 보니 132 g이었습니다. 빈 상자의 무게는 몇 g인지 하나의 식으로 나타내어 구하세요.

구슬을 2개 꺼냈으므로
줄어든 무게는 구슬 2개의 무게와 같아요.

식 _____

(   )

혼합 계산 방정식

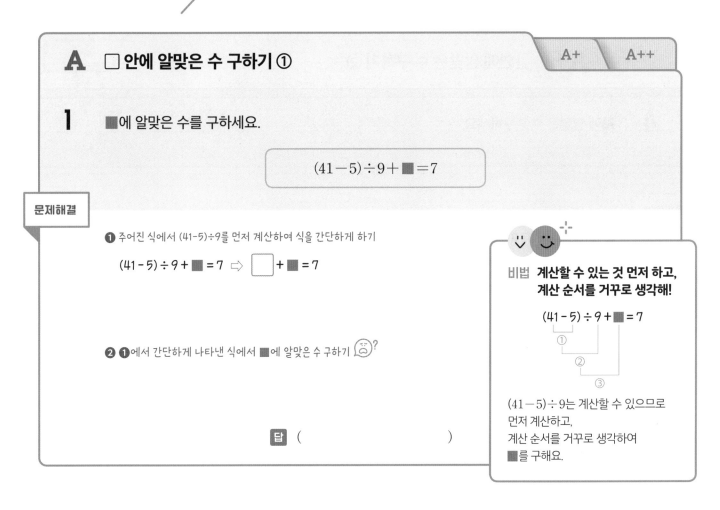

A ☐ 안에 알맞은 수 구하기 ①

A+   A++

1 ■에 알맞은 수를 구하세요.

$$(41-5) \div 9 + \blacksquare = 7$$

문제해결

❶ 주어진 식에서 (41-5)÷9를 먼저 계산하여 식을 간단하게 하기

$(41-5) \div 9 + \blacksquare = 7 \Rightarrow \boxed{} + \blacksquare = 7$

비법 계산할 수 있는 것 먼저 하고, 계산 순서를 거꾸로 생각해!

$$(41-5) \div 9 + \blacksquare = 7$$

① ② ③

(41−5)÷9는 계산할 수 있으므로 먼저 계산하고,
계산 순서를 거꾸로 생각하여
■를 구해요.

❷ ❶에서 간단하게 나타낸 식에서 ■에 알맞은 수 구하기

답 (   )

2 ☐ 안에 알맞은 수를 구하세요.

$$6 \times 2 + 7 - \square = 11$$

(   )

3 ☐ 안에 알맞은 수를 구하세요.

$$\square - 56 \div (15-8) = 6$$

(   )

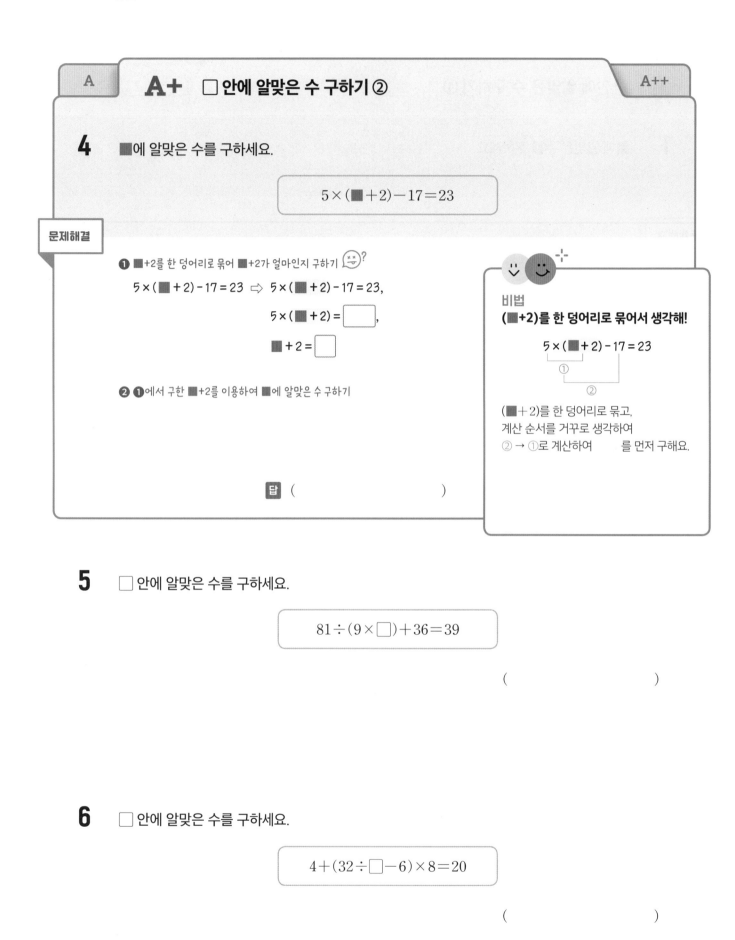

A

A+ □ 안에 알맞은 수 구하기 ②

A++

4 ■에 알맞은 수를 구하세요.

$$5 \times (\blacksquare + 2) - 17 = 23$$

문제해결

❶ ■+2를 한 덩어리로 묶어 ■+2가 얼마인지 구하기

$5 \times (\blacksquare + 2) - 17 = 23 \Rightarrow 5 \times (\blacksquare + 2) - 17 = 23,$

$5 \times (\blacksquare + 2) = \boxed{},$

$\blacksquare + 2 = \boxed{}$

❷ ❶에서 구한 ■+2를 이용하여 ■에 알맞은 수 구하기

답 (   )

비법

(■+2)를 한 덩어리로 묶어서 생각해!

$$5 \times (\blacksquare + 2) - 17 = 23$$

①
②

(■+2)를 한 덩어리로 묶고,
계산 순서를 거꾸로 생각하여
② → ①로 계산하여   를 먼저 구해요.

5 □ 안에 알맞은 수를 구하세요.

$$81 \div (9 \times \square) + 36 = 39$$

(   )

6 □ 안에 알맞은 수를 구하세요.

$$4 + (32 \div \square - 6) \times 8 = 20$$

(   )

A A+ **A++** **□ 안에 알맞은 수 구하기 ③**

7 ■에 알맞은 수를 구하세요.

$$■×6-3=■×5+7$$

문제해결

❶ ■가 =의 한쪽에만 남아 있도록 ■끼리 모은 식 완성하기

$$■×6-3=■×5+7 \Rightarrow ■×6-■×5=\boxed{}+\boxed{}$$

❷ ❶에서 ■끼리 모은 식을 계산하여 ■에 알맞은 수 구하기

비법 **×로 연결된 식은 한 덩어리로 생각해!**

■가 등식 한쪽에만 남도록 식을 바꿀 때 곱하기(×)로 연결된 부분은 한 덩어리로 생각하고 움직여요.

(예) $■×4-1=■×3+8$

$■×4-■×3=8+1$

$■=9$

답 (   )

8 □ 안에 알맞은 수를 구하세요.

$$□×9+2=□×8+11$$

(   )

9 □ 안에 알맞은 수를 구하세요.

$$□×2+9=□×4-5$$

(   )

혼합 계산식으로 나타내기

A 약속에 따라 계산하기

A+

1 ㉠◐㉡을 다음과 같이 약속할 때 7◐28의 값을 구하세요.

$$㉠◐㉡=(㉡-㉠)÷㉠+㉡$$

문제해결

❶ ㉠◐㉡의 약속에 따라 7◐28의 계산식 완성하기

7◐28 = (⬚ - ⬚) ÷ ⬚ + ⬚ ☺?

❷ ❶의 식을 계산하기

비법 같은 위치의 숫자로 식을 바꿔!

예 ㉠◐㉡의 약속에 따라 4◐20을 계산하려면
㉠에 4를, ㉡에 20을 넣어 계산해요.

$$㉠◐㉡=(㉡-㉠)÷㉠+㉡$$
$$⇨ 4◐20=(20-4)÷4+20$$

답 (   )

2 ㉠★㉡을 다음과 같이 약속할 때 14★8의 값을 구하세요.

$$㉠★㉡=(㉠+㉡)×(㉠-㉡)$$

(   )

3 ㉠◆㉡을 다음과 같이 약속할 때 (12◆6)◆3의 값을 구하세요.

$$㉠◆㉡=㉠-(㉠+㉡)÷㉡$$

(   )

A

A+ 약속에 따라 나타내어 □ 안에 알맞은 수 구하기

4 ㉠◎㉡＝(㉠＋㉡)÷㉡일 때 ■에 알맞은 수를 구하세요.

$$■◎6=8$$

문제해결

❶ ㉠◎㉡의 약속에 따라 ■◎6=8을 계산하는 식 완성하기

■◎6 = 8 ⇨ (■ + ⬜) ÷ ⬜ = 8 ?

❷ ❶의 식을 계산하여 ■에 알맞은 수 구하기

비법

㉠에 ■, ㉡에 6을 넣어 식을 써!

㉠◎㉡의 약속에 따라
■◎6의 식을 쓰려면
㉠에 ■, ㉡에 6을 넣어요.

답 (   )

5 ㉠▲㉡＝㉠×(㉡－㉠)＋㉠일 때 □ 안에 알맞은 수를 구하세요.

$$7▲□=21$$

(   )

6 ㉠♠㉡＝㉡＋㉠×㉡－㉠일 때 □ 안에 알맞은 수를 구하세요.

$$□♠3=13$$

(   )

A 어떤 수 구하기

A+

1 12에 어떤 수를 더하고 15를 3으로 나눈 몫을 빼면
140을 10으로 나눈 몫과 같습니다. 어떤 수를 구하세요.

문제해결

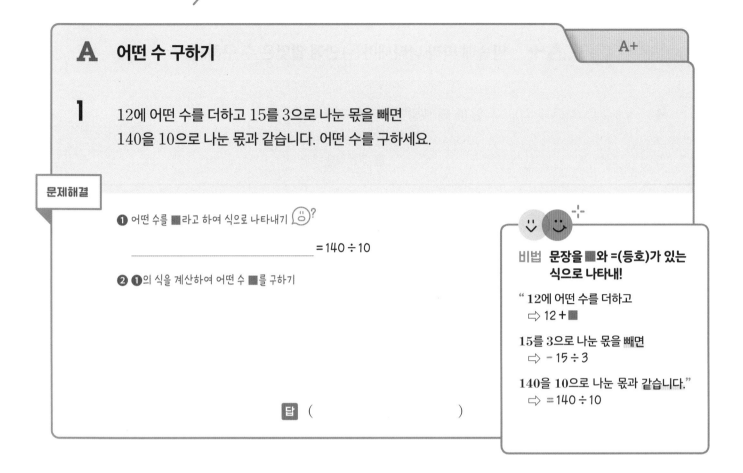

❶ 어떤 수를 ■라고 하여 식으로 나타내기 ?

_____ = 140 ÷ 10

❷ ❶의 식을 계산하여 어떤 수 ■를 구하기

비법 문장을 ■와 =(등호)가 있는
식으로 나타내!

" 12에 어떤 수를 더하고
⇨ 12 + ■

15를 3으로 나눈 몫을 빼면
⇨ − 15 ÷ 3

140을 10으로 나눈 몫과 같습니다."
⇨ = 140 ÷ 10

답 (   )

2 어떤 수에 3을 곱하고 60을 5로 나눈 몫을 더하면 2와 21의 곱과 같습니다. 어떤 수를 구하세요.

(   )

3 어떤 수와 5의 합을 9와 2의 곱으로 나누면 30을 15로 나눈 몫과 같습니다. 어떤 수를 구하세요.

(   )

A

A+ 어떤 수 구하여 바르게 계산하기

4 어떤 수에 4를 더한 다음 5로 나누어야 하는데
잘못하여 어떤 수에서 4를 뺀 다음 5를 곱했더니 35가 되었습니다.
바르게 계산한 값을 구하세요.

문제해결

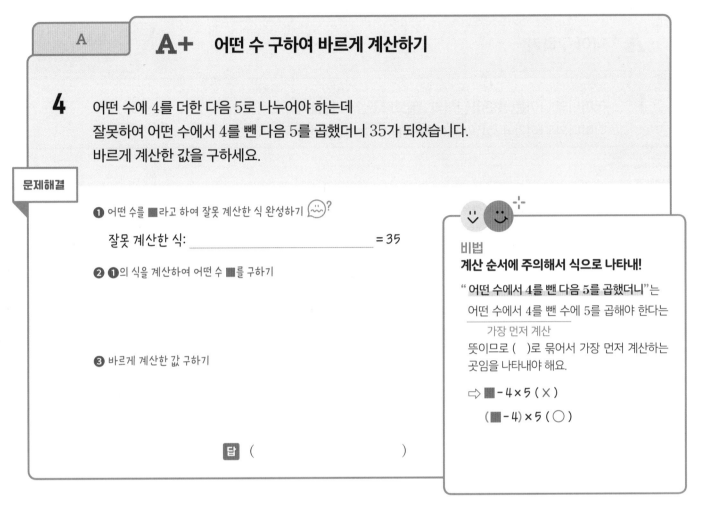

❶ 어떤 수를 ■라고 하여 잘못 계산한 식 완성하기 ☺?

   잘못 계산한 식: _____ = 35

❷ ❶의 식을 계산하여 어떤 수 ■를 구하기

❸ 바르게 계산한 값 구하기

답 (   )

비법
계산 순서에 주의해서 식으로 나타내!
" 어떤 수에서 **4를 뺀 다음 5를 곱했더니**"는
어떤 수에서 4를 뺀 수에 5를 곱해야 한다는
~~~~~~~~~~~~~~~~~~~~ 가장 먼저 계산
뜻이므로 ( )로 묶어서 가장 먼저 계산하는
곳임을 나타내야 해요.

⇨ ■ - 4 × 5 (✕)

　 (■ - 4) × 5 (○)

5 50에서 어떤 수를 뺀 다음 4를 곱해야 하는데 잘못하여 50에 어떤 수를 더한 다음 4로 나누었더니
14가 되었습니다. 바르게 계산한 값을 구하세요.

(   )

6 어떤 수에 22를 더한 다음 3으로 나누어야 하는데 잘못하여 어떤 수에서 3을 뺀 다음 22를 곱했
더니 110이 되었습니다. 바르게 계산한 값을 구하세요.

(   )

혼합 계산 방정식의 활용

A 나이 구하기 A+

1 어머니의 나이는 성준이 나이의 3배보다 6살 더 많습니다.
어머니의 나이가 42살일 때 성준이의 나이는 몇 살인지 구하세요.

문제해결

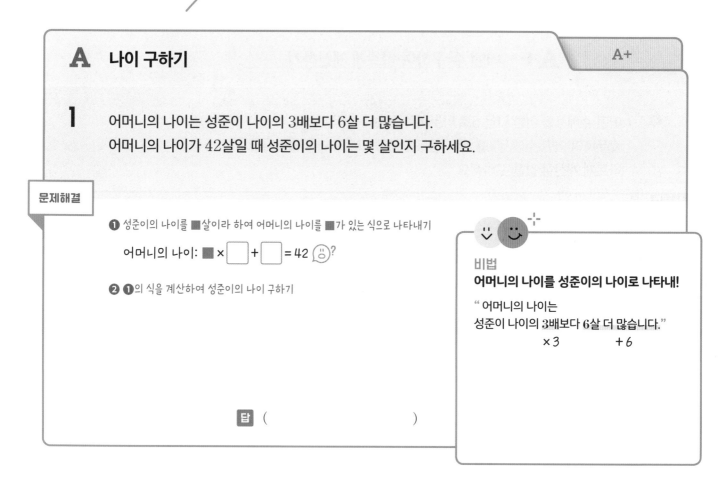

❶ 성준이의 나이를 ■살이라 하여 어머니의 나이를 ■가 있는 식으로 나타내기

어머니의 나이: ■ × ☐ + ☐ = 42 ?

❷ ❶의 식을 계산하여 성준이의 나이 구하기

비법
어머니의 나이를 성준이의 나이로 나타내!
" 어머니의 나이는
성준이 나이의 **3배**보다 **6살** 더 많습니다."
　　　　× 3　　　　+ 6

답 (　　　　　　　　　　)

2 아버지의 나이는 채령이 나이의 5배보다 9살 더 적습니다. 아버지의 나이가 46살일 때 채령이의
나이는 몇 살인지 구하세요.

(　　　　　　　　　　)

3 은규의 나이는 12살이고, 이모의 나이는 45살입니다. 은규와 동생의 나이의 합에 2를 곱하고
3을 더하면 이모의 나이가 됩니다. 동생의 나이는 몇 살인지 구하세요.

(　　　　　　　　　　)

A＋ 물건의 수를 이용하여 사람 수 구하기

4 쿠키를 다희네 모둠 학생들에게 똑같이 나누어 주려고 합니다.
한 사람에게 11개씩 나누어 주면 9개가 모자라고, 9개씩 나누어 주면 5개가 남습니다.
다희네 모둠 학생은 몇 명인지 구하세요.

문제해결

❶ 다희네 모둠 학생 수를 ■명이라 하여 11개씩 나누어 줄 때, 9개씩 나누어 줄 때의 쿠키의 수를 ■가 있는 식으로 각각 나타내기

・11개씩 나누어 줄 때 쿠키의 수: ■×11－□ ← 모자라면 빼기

・9개씩 나누어 줄 때 쿠키의 수: ■×9＋□ ← 남으면 더하기

❷ 11개씩 나누어 줄 때와 9개씩 나누어 줄 때의 쿠키 수는 같으므로 식을 완성하고, 다희네 모둠 학생 수 구하기

■×11－□ ＝ ■×9＋□ ?

답 ( )

비법 ■가 있는 곱셈의 차 구하기!

■ 11개에서 ■ 9개를 빼면 ■ 2개가 돼요.

$$\begin{array}{c}\ ■＋■＋■＋\cdots＋■＋■ \to ■×11 \\ -\ ■＋\cdots＋■＋■ \to ■×9 \\ \hline ■＋■ \to ■×2\end{array}$$

⇨ ■×11－■×9＝■×2

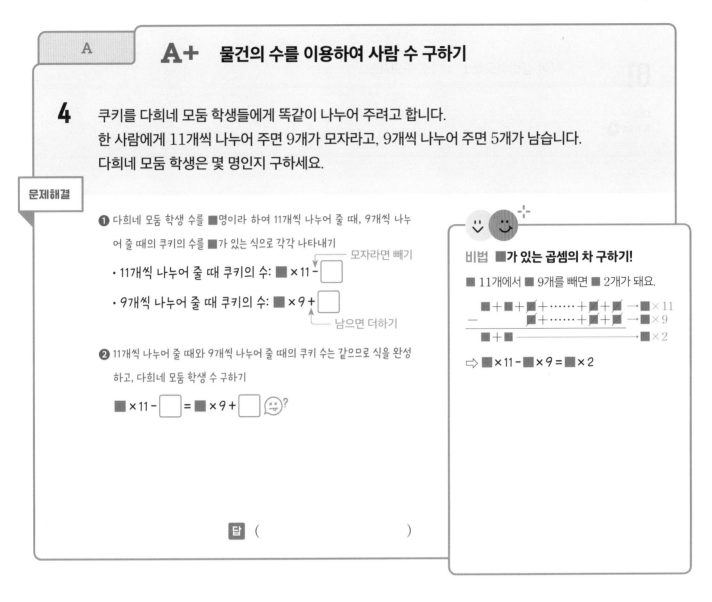

5 연필을 성현이네 반 학생들에게 똑같이 나누어 주려고 합니다. 한 사람에게 8자루씩 나누어 주면 13자루가 모자라고, 7자루씩 나누어 주면 9자루가 남습니다. 성현이네 반 학생은 몇 명인지 구하세요.

( )

6 구슬을 세림이네 모둠 학생들에게 똑같이 나누어 주려고 합니다. 한 사람에게 5개씩 나누어 주면 8개가 남고, 7개씩 나누어 주면 10개가 모자랍니다. 구슬은 몇 개인지 구하세요.

( )

학생 수를 먼저 구하고, 구슬 수를 구해야 해요.

01

유형 01 Ⓐ

식이 성립하도록 ( )로 묶으세요.

$$63 \div 7 + 2 \times 5 - 11 = 24$$

02

유형 05 Ⓐ

㉠♥㉡을 다음과 같이 약속할 때 8♥5의 값을 구하세요.

$$㉠♥㉡ = ㉠ \times ㉡ - ㉡ \times (㉠ - ㉡)$$

( )

03

유형 04 A+

□ 안에 알맞은 수를 구하세요.

$$11 + (2 \times □ - 4) \times 3 = 41$$

( )

04

⌘
유형 02 **B**

수 카드 2 , 6 , 9 를 한 번씩 모두 사용하여 다음과 같은 식을 만들려고 합니다. 계산 결과가 가장 클 때의 값과 가장 작을 때의 값의 차를 구하세요.

$$540 \div (\square \times \square) + \square$$

(   )

05

⌘
유형 06 **A+**

어떤 수에 8을 더한 다음 4로 나누어야 하는데 잘못하여 어떤 수에 4를 더한 다음 8로 나누었더니 2가 되었습니다. 바르게 계산한 값을 구하세요.

(   )

06

⌘
유형 03 **A**

어느 농장에서 수확한 감자 2820개를 한 상자에 50개씩 40상자와 한 상자에 30개씩 25상자에 나누어 담았습니다. 상자에 담지 못한 감자는 몇 개인지 하나의 식으로 나타내어 구하세요.

식 _____

(   )

07

유형 07 A+

귤을 인아네 반 학생들에게 똑같이 나누어 주려고 합니다. 한 사람에게 10개씩 나누어 주면 18개가 모자라고, 9개씩 나누어 주면 8개가 남습니다. 인아네 반 학생은 몇 명인지 구하세요.

(   )

08

□ 안에 들어갈 수 있는 가장 작은 자연수를 구하세요.

$$44 \div (6 \div 3) - 2 \times 8 < \square + 3$$

(   )

09

○ 안에 +, −, ×, ÷ 중 3개를 골라 한 번씩 써넣어 혼합 계산식을 만들려고 합니다. 만들 수 있는 식의 계산 결과 중 가장 큰 값을 구하세요. (단, 계산 결과는 자연수입니다.)

$$6 \bigcirc 5 \bigcirc 4 \bigcirc 2$$

(   )

10

🔗 유형 01 Ⓑ

식이 성립하도록 ○ 안에 $+$, $-$, $\times$, $\div$를 한 번씩 알맞게 써넣으세요.

$$(\, 4 \bigcirc 4 \bigcirc 4 \,) \bigcirc 4 \bigcirc 4 = 7$$

11

🔗 유형 03 Ⓒ

무게가 같은 공 5개가 들어 있는 상자의 무게를 재어 보니 415 g이었습니다. 이 상자에 무게가 같은 공 3개를 더 넣은 후 상자의 무게를 재어 보니 640 g이었습니다. 빈 상자의 무게는 몇 g 인지 하나의 식으로 나타내어 구하세요.

식 _____

(   )

12

보람이는 제과점에서 800원짜리 크림빵 4개와 옥수수빵 3개를 사고 10000원을 냈습니다. 거스름돈으로 2900원을 받았다면, 옥수수빵 한 개의 값은 얼마인지 구하세요.

(   )

2

약수와 배수

학습기록표

실생활에서 최대공약수, 최소공배수의 활용

A 한 사람에게 나누어 줄 물건의 수 구하기   B   C

1 사탕 27개와 초콜릿 72개를 최대한 많은 사람에게 남김없이 똑같이 나누어 주려고 합니다.
한 사람에게 사탕과 초콜릿을 각각 몇 개씩 나누어 줄 수 있는지 구하세요.

문제해결

❶ 사탕과 초콜릿을 나누어 줄 수 있는 사람은 최대 몇 명인지 구하기

❷ 한 사람에게 나누어 줄 수 있는 사탕과 초콜릿의 수 각각 구하기

비법
최대공약수를 이용해!

" 사탕 **27개**와 초콜릿 **72개**를 최대한 많은 사람에게 남김없이 똑같이 나누어 주려고 합니다."
⇨ 27과 72의 최대공약수를 구해요.

답 사탕 (   ), 초콜릿 (   )

2 색종이 48장과 색연필 36자루를 최대한 많은 사람에게 남김없이 똑같이 나누어 주려고 합니다.
한 사람에게 색종이는 몇 장씩, 색연필은 몇 자루씩 나누어 줄 수 있는지 구하세요.

색종이 (   ), 색연필 (   )

3 길이가 88 cm와 32 cm인 두 개의 끈이 있습니다. 두 개의 끈을 될 수 있는 대로 길게 남김없이 똑같은 길이로 자르려고 합니다. 끈은 모두 몇 도막이 되는지 구하세요.

(   )

| A | **B** 동시에 출발하는 시각 구하기 | C |

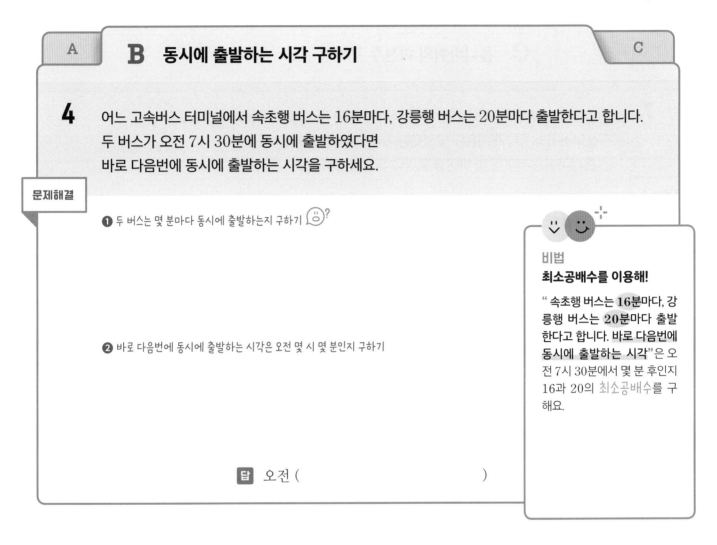

문제해결

4 어느 고속버스 터미널에서 속초행 버스는 16분마다, 강릉행 버스는 20분마다 출발한다고 합니다. 두 버스가 오전 7시 30분에 동시에 출발하였다면 바로 다음번에 동시에 출발하는 시각을 구하세요.

❶ 두 버스는 몇 분마다 동시에 출발하는지 구하기

❷ 바로 다음번에 동시에 출발하는 시각은 오전 몇 시 몇 분인지 구하기

답 오전 (   )

> **비법**
> **최소공배수를 이용해!**
> " 속초행 버스는 **16분**마다, 강릉행 버스는 **20분**마다 출발한다고 합니다. 바로 다음번에 **동시에 출발하는 시각**"은 오전 7시 30분에서 몇 분 후인지 16과 20의 최소공배수를 구해요.

5 어느 역에서 KTX는 14분마다, 새마을호는 10분마다 출발한다고 합니다. 두 열차가 오후 3시 20분에 동시에 출발하였다면 바로 다음번에 동시에 출발하는 시각을 구하세요.

오후 (   )

6 어느 시외버스 터미널에서 목포행 버스는 30분마다, 여수행 버스는 24분마다 출발한다고 합니다. 두 버스가 오전 8시에 동시에 출발하였다면 그 이후부터 오후 5시까지 동시에 출발하는 횟수는 모두 몇 번인지 구하세요.

(   )

A B **C 톱니바퀴의 회전수 구하기**

7 톱니의 수가 각각 60개, 42개인 두 톱니바퀴 ㉮와 ㉯가 맞물려 돌아가고 있습니다.
두 톱니바퀴의 톱니가 처음에 맞물렸던 자리에서 다시 만나려면
㉮ 톱니바퀴는 적어도 몇 바퀴를 돌아야 하는지 구하세요.

문제해결

❶ 처음에 맞물렸던 톱니가 같은 자리에서 다시 만나려면 ㉮와 ㉯ 톱니가
각각 몇 개씩 맞물려야 하는지 구하기

❷ ❶에서 구한 톱니 수만큼 맞물릴 때 ㉮ 톱니바퀴의 회전수 구하기

답 (   )

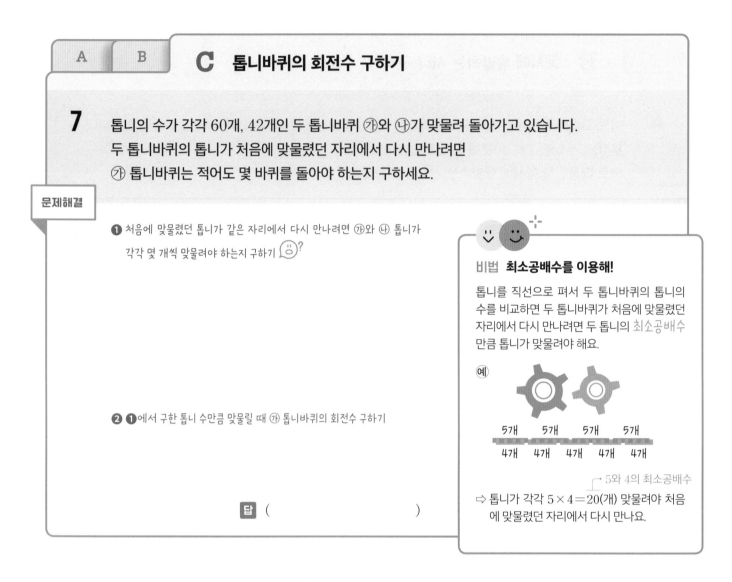

비법 최소공배수를 이용해!

톱니를 직선으로 펴서 두 톱니바퀴의 톱니의
수를 비교하면 두 톱니바퀴가 처음에 맞물렸던
자리에서 다시 만나려면 두 톱니의 최소공배수
만큼 톱니가 맞물려야 해요.

예

5개 5개 5개 5개
4개 4개 4개 4개 4개
┌─ 5와 4의 최소공배수

⇨ 톱니가 각각 5 × 4 = 20(개) 맞물려야 처음
에 맞물렸던 자리에서 다시 만나요.

8 톱니의 수가 각각 54개, 72개인 두 톱니바퀴 ㉮와 ㉯가 맞물려 돌아가고 있습니다. 두 톱니바퀴
의 톱니가 처음에 맞물렸던 자리에서 다시 만나려면 ㉯ 톱니바퀴는 적어도 몇 바퀴를 돌아야 하
는지 구하세요.

(   )

9 톱니의 수가 각각 20개, 16개인 두 톱니바퀴 ㉮와 ㉯가 맞물려 돌아가고 있습니다. ㉮ 톱니바퀴
가 1분에 2바퀴 회전한다면 두 톱니바퀴의 톱니가 처음에 맞물렸던 자리에서 다시 만나는 때는
돌기 시작한 지 몇 분 후인지 구하세요.

(   )

배수의 개수

A 주어진 수의 범위에서 배수의 개수 구하기

A+

1 100보다 크고 400보다 작은 자연수 중에서 6의 배수는 모두 몇 개인지 구하세요.

문제해결

❶ 1부터 100까지의 자연수 중에서 6의 배수의 개수, 1부터 399까지의 자연수 중에서 6의 배수의 개수 각각 구하기 ☺?

└ 400보다 작은 자연수 중에서 가장 큰 수는 399예요.

비법 배수의 개수는 나눗셈의 몫!

1부터 ●까지의 자연수 중에서 ▲의 배수의 개수는 ● ÷ ▲의 몫과 같아요.

예 • 1부터 100까지의 자연수 중에서 2의 배수의 개수

⇨ 100 ÷ 2 = 50에서 50개

(2, 4, 6……98, 100)

• 1부터 100까지의 자연수 중에서 3의 배수의 개수

⇨ 100 ÷ 3 = 33…1에서 33개

(3, 6, 9……96, 99)

❷ 100보다 크고 400보다 작은 자연수 중에서 6의 배수의 개수 구하기

(1부터 399까지의 자연수 중에서 6의 배수의 개수)

− (1부터 100까지의 자연수 중에서 6의 배수의 개수)

= ☐ − ☐ = ☐ (개)

답 ( )

2 300보다 크고 500보다 작은 자연수 중에서 8의 배수는 모두 몇 개인지 구하세요.

( )

3 13의 배수 중에서 200에 가장 가까운 수를 구하세요.

( )

A

A+ 주어진 수의 범위에서 공배수의 개수 구하기

4 150부터 400까지의 자연수 중에서
12의 배수도 되고 15의 배수도 되는 수는 모두 몇 개인지 구하세요.

문제해결

❶ 12의 배수도 되고 15의 배수도 되는 수는 무엇을 구해야 하는지 알아보기

12의 배수도 되고 15의 배수도 되는 수는 12와 15의 [   ]이므로

12와 15의 최소공배수의 [   ]의 개수를 구합니다.

❷ 12와 15의 최소공배수 구하기

❸ 150부터 400까지의 자연수 중에서 12의 배수도 되고 15의 배수도 되는 수의 개수 구하기

답 (   )

비법 **공배수와 최소공배수의 관계를 이용해!**

두 수의 공배수는 두 수의 최소공배수의 배수와 같아요.

⇨ 12의 배수도 되고 15의 배수도 되는 수

⇨ 12와 15의 공배수

⇨ 12와 15의 최소공배수의 배수

5 100부터 600까지의 자연수 중에서 16의 배수도 되고 10의 배수도 되는 수는 모두 몇 개인지 구하세요.

(   )

6 1부터 100까지의 자연수 중에서 3의 배수이거나 7의 배수인 수는 모두 몇 개인지 구하세요.

3의 배수와 7의 배수의 개수를 합하면
3과 7의 공배수는 2번씩 더해졌어요.

(   )

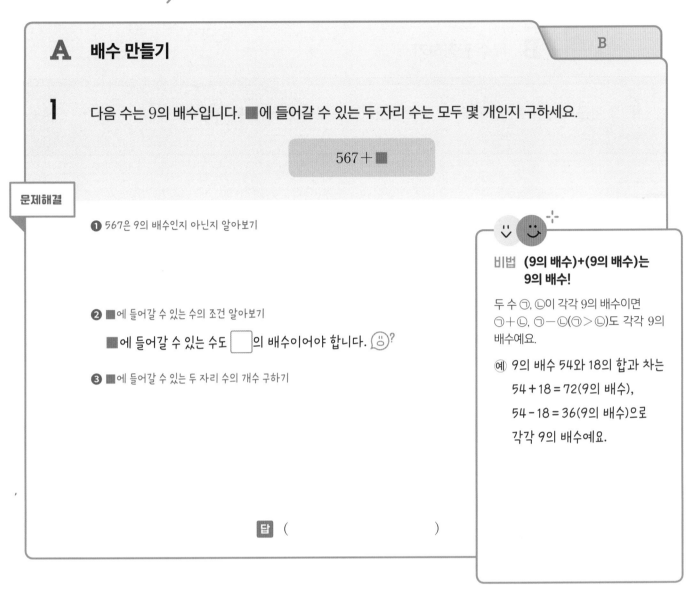

유형 03 배수의 활용

A 배수 만들기

1 다음 수는 9의 배수입니다. ■■에 들어갈 수 있는 두 자리 수는 모두 몇 개인지 구하세요.

$$567 + \blacksquare\blacksquare$$

문제해결

❶ 567은 9의 배수인지 아닌지 알아보기

❷ ■■에 들어갈 수 있는 수의 조건 알아보기

■■에 들어갈 수 있는 수도 [ ]의 배수이어야 합니다. ?

❸ ■■에 들어갈 수 있는 두 자리 수의 개수 구하기

답 (   )

> **비법** (9의 배수)+(9의 배수)는 9의 배수!
>
> 두 수 ㉠, ㉡이 각각 9의 배수이면 ㉠+㉡, ㉠-㉡(㉠>㉡)도 각각 9의 배수예요.
>
> 예 9의 배수 54와 18의 합과 차는
> 54+18=72(9의 배수),
> 54-18=36(9의 배수)으로
> 각각 9의 배수예요.

2 다음 수는 7의 배수입니다. ☐ 안에 들어갈 수 있는 두 자리 수는 모두 몇 개인지 구하세요.

$$441 + \square$$

(   )

3 다음 수는 6의 배수입니다. ☐ 안에 들어갈 수 있는 두 자리 수는 모두 몇 개인지 구하세요.

$$384 + \square$$

(   )

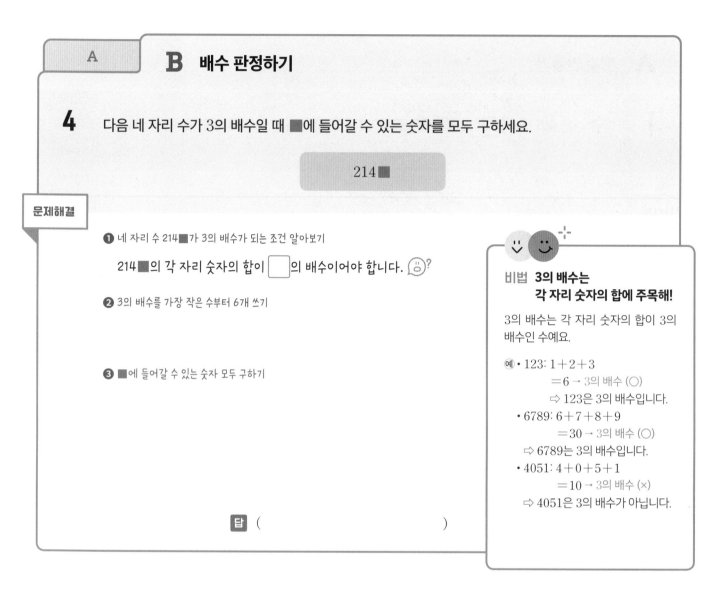

A

B 배수 판정하기

4 다음 네 자리 수가 3의 배수일 때 ■에 들어갈 수 있는 숫자를 모두 구하세요.

214■

문제해결

❶ 네 자리 수 214■가 3의 배수가 되는 조건 알아보기

214■의 각 자리 숫자의 합이 ☐의 배수이어야 합니다. 😐?

❷ 3의 배수를 가장 작은 수부터 6개 쓰기

❸ ■에 들어갈 수 있는 숫자 모두 구하기

답 ( )

**비법 3의 배수는
각 자리 숫자의 합에 주목해!**

3의 배수는 각 자리 숫자의 합이 3의 배수인 수예요.

예 · 123: 1＋2＋3
＝6 → 3의 배수 (○)
⇨ 123은 3의 배수입니다.
· 6789: 6＋7＋8＋9
＝30 → 3의 배수 (○)
⇨ 6789는 3의 배수입니다.
· 4051: 4＋0＋5＋1
＝10 → 3의 배수 (×)
⇨ 4051은 3의 배수가 아닙니다.

5 다음 네 자리 수가 4의 배수일 때 ☐ 안에 들어갈 수 있는 숫자를 모두 구하세요.

50☐6

( )

6 다음 네 자리 수가 5의 배수도 되고 9의 배수도 될 때 만들 수 있는 네 자리 수를 모두 구하세요.

45☐☐

( )

나누는 수 구하기

A **나누어떨어질 때 나누는 수 구하기**

B B+

1 104와 56을 어떤 수로 나누면 두 수 모두 나누어떨어집니다.
어떤 수 중에서 가장 큰 수를 구하세요.

문제해결

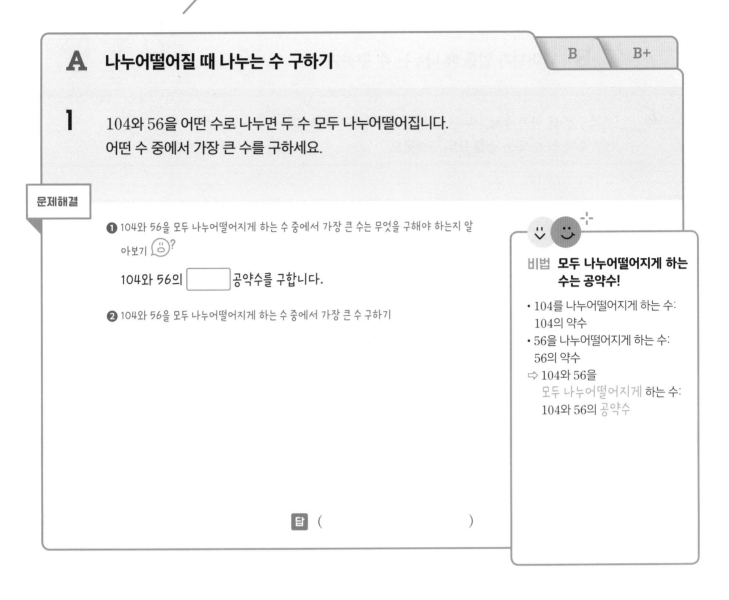

❶ 104와 56을 모두 나누어떨어지게 하는 수 중에서 가장 큰 수는 무엇을 구해야 하는지 알
아보기 ?

104와 56의 ☐ 공약수를 구합니다.

❷ 104와 56을 모두 나누어떨어지게 하는 수 중에서 가장 큰 수 구하기

비법 **모두 나누어떨어지게 하는**
수는 공약수!

· 104를 나누어떨어지게 하는 수:
104의 약수
· 56을 나누어떨어지게 하는 수:
56의 약수
⇨ 104와 56을
모두 나누어떨어지게 하는 수:
104와 56의 공약수

답 (   )

2 54와 78을 어떤 수로 나누면 두 수 모두 나누어떨어집니다. 어떤 수 중에서 가장 큰 수를 구하
세요.

(   )

3 80과 55를 어떤 수로 나누면 두 수 모두 나누어떨어집니다. 어떤 수 중에서 가장 큰 수를 구하
세요.

(   )

| A | **B** 나머지가 있을 때 나누는 수 구하기 | B+ |

4 96과 129를 어떤 수로 나누면 나머지가 각각 6과 3입니다.
어떤 수가 될 수 있는 수를 모두 구하세요.

문제해결

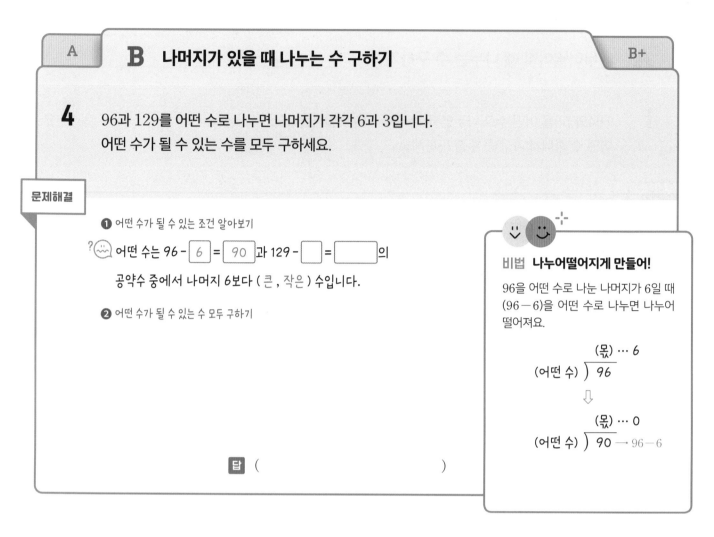

❶ 어떤 수가 될 수 있는 조건 알아보기

어떤 수는 96 - $\boxed{6}$ = $\boxed{90}$ 과 129 - $\boxed{}$ = $\boxed{}$ 의

공약수 중에서 나머지 6보다 (큰 , 작은) 수입니다.

❷ 어떤 수가 될 수 있는 수 모두 구하기

비법 **나누어떨어지게 만들어!**

96을 어떤 수로 나눈 나머지가 6일 때
(96－6)을 어떤 수로 나누면 나누어
떨어져요.

$$\text{(어떤 수)} \overline{)\ 96} \cdots 6 \text{(몫)}$$

⇩

$$\text{(어떤 수)} \overline{)\ 90} \cdots 0 \text{(몫)} \rightarrow 96-6$$

답 (   )

5 83과 34를 어떤 수로 나누면 나머지가 각각 3과 4입니다. 어떤 수가 될 수 있는 수를 모두 구하세요.

(   )

6 나눗셈식을 보고 어떤 수가 될 수 있는 수를 모두 구하세요.

- 53÷(어떤 수)=●…5
- 85÷(어떤 수)=▲…1

(   )

| A | B | **B+** 나누어 주려는 학생 수 구하기 |

7 연필 45자루와 볼펜 58자루를 학생들에게 똑같이 나누어 주려고 하는데
연필은 3자루가 부족하고, 볼펜은 4자루가 남습니다.
학생 몇 명에게 나누어 주려고 하는지 구하세요.

문제해결

❶ 연필과 볼펜을 부족하고 남지 않게 학생들에게 똑같이 나누어 주려면 연필과 볼펜이 각각
몇 자루여야 하는지 구하기

연필: 45 + ☐ = ☐ (자루), 볼펜: 58 − ☐ = ☐ (자루) ?

❷ 나누어 주려는 학생 수 구하기

답 (   )

비법
부족하면 더하고, 남으면 빼!

연필과 볼펜을 남김없이 나누어
주려면

" 연필은 3자루가 부족하므로"
3자루가 더 있어야 해요.
⇨ 45 + 3

" 볼펜은 4자루가 남으므로"
4자루를 빼야 해요.
⇨ 58 − 4

8 귤 59개와 사과 10개를 학생들에게 똑같이 나누어 주려고 하는데 귤은 3개가 남고, 사과는 2개
가 부족합니다. 학생 몇 명에게 나누어 주려고 하는지 구하세요.

(   )

9 젤리 65개와 쿠키 69개를 학생들에게 똑같이 나누어 주려고 하는데 젤리는 5개가 부족하고, 쿠
키는 6개가 남습니다. 학생 몇 명에게 나누어 주려고 하는지 구하세요.

(   )

나누어지는 수 구하기

A 나누어떨어질 때 나누어지는 수 구하기

B   B+

1 어떤 수를 6으로 나누어도 나누어떨어지고, 9로 나누어도 나누어떨어집니다.
어떤 수 중에서 가장 작은 수를 구하세요.

문제해결

❶ 6과 9로 나누어 모두 나누어떨어지는 수 중에서 가장 작은 수는 무엇을 구해야 하는지
알아보기 ?

6과 9의 [   ] 공배수를 구합니다.

❷ 6과 9로 나누어 모두 나누어떨어지는 수 중에서 가장 작은 수 구하기

답 (   )

비법 **모두 나누어떨어지는 수는 공배수!**

• 6으로 나누어떨어지는 수: 6의 배수
• 9로 나누어떨어지는 수: 9의 배수

⇨ 6으로 나누어도 나누어떨어지고,
9로 나누어도 나누어떨어지는 수:
6과 9의 공배수

2 어떤 수를 10으로 나누어도 나누어떨어지고, 8로 나누어도 나누어떨어집니다. 어떤 수 중에서
가장 작은 수를 구하세요.

(   )

3 400과 500 사이의 자연수 중에서 27로 나누어도 나누어떨어지고, 45로 나누어도 나누어떨어
지는 수를 구하세요.

(   )

| A | **B** 나머지가 있을 때 나누어지는 수 구하기 | B+ |

4 18로 나누어도 2가 남고, 12로 나누어도 2가 남는 어떤 수가 있습니다.
어떤 수가 될 수 있는 수 중에서 가장 작은 수를 구하세요.

문제해결

❶ 어떤 수와 18, 12의 관계 알아보기

(어떤 수) − ☐ 는 18과 12의 공배수입니다.

❷ 어떤 수가 될 수 있는 수 중에서 가장 작은 수 구하기

비법 **나누어떨어지게 만들어!**

어떤 수를 18로 나누면 나머지가 2일 때 (어떤 수)−2를 18로 나누면 나누어떨어져요.

$$18 \overline{)\text{(어떤 수)}} \cdots 2 \text{ (몫)}$$

⇩

$$18 \overline{)\text{(어떤 수)} - 2} \cdots 0 \text{ (몫)}$$

답 (   )

5 16으로 나누어도 1이 남고, 24로 나누어도 1이 남는 어떤 수가 있습니다. 어떤 수가 될 수 있는
수 중에서 가장 작은 수를 구하세요.

(   )

6 나눗셈식을 보고 어떤 수가 될 수 있는 수 중에서 가장 작은 수를 구하세요.

> • (어떤 수) ÷ 20 = ★ ⋯ 4
> • (어떤 수) ÷ 25 = ■ ⋯ 4

(   )

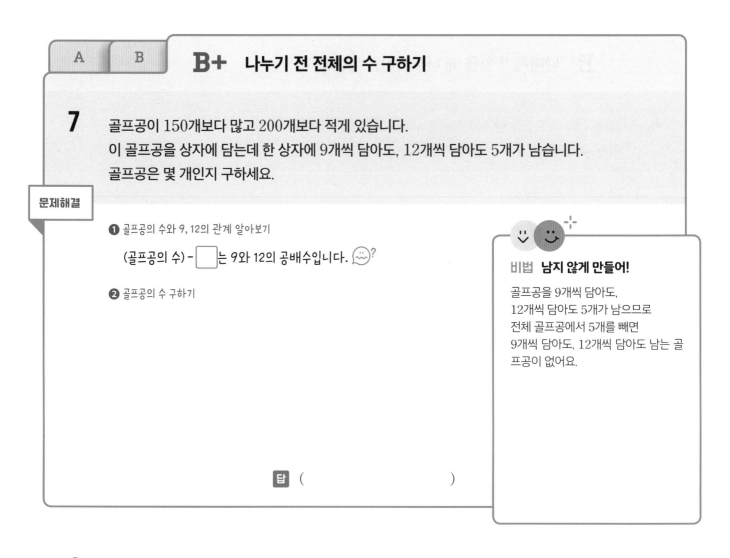

A B

B+ 나누기 전 전체의 수 구하기

7 골프공이 150개보다 많고 200개보다 적게 있습니다.
이 골프공을 상자에 담는데 한 상자에 9개씩 담아도, 12개씩 담아도 5개가 남습니다.
골프공은 몇 개인지 구하세요.

문제해결

❶ 골프공의 수와 9, 12의 관계 알아보기

(골프공의 수) − ☐ 는 9와 12의 공배수입니다. 😞?

❷ 골프공의 수 구하기

비법 남지 않게 만들어!

골프공을 9개씩 담아도,
12개씩 담아도 5개가 남으므로
전체 골프공에서 5개를 빼면
9개씩 담아도, 12개씩 담아도 남는 골
프공이 없어요.

답 (   )

8 지우개가 200개보다 많고 250개보다 적게 있습니다. 이 지우개를 5개씩 묶어도, 9개씩 묶어도
3개가 남습니다. 지우개는 몇 개인지 구하세요.

(   )

9 세완이네 학교의 5학년 학생은 300명보다 많고 400명보다 적습니다. 5학년 학생을 한 줄에 24명
씩 세워도, 30명씩 세워도 2명이 남습니다. 세완이네 학교의 5학년 학생은 몇 명인지 구하세요.

(   )

최대공약수와 최소공배수의 관계 활용

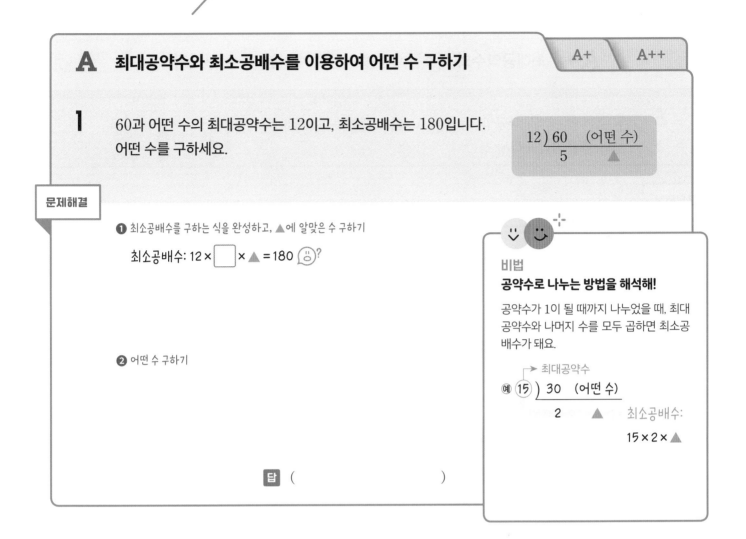

A 최대공약수와 최소공배수를 이용하여 어떤 수 구하기

A+   A++

1   60과 어떤 수의 최대공약수는 12이고, 최소공배수는 180입니다.
어떤 수를 구하세요.

$$12 \,)\, \overline{60 \quad (\text{어떤 수})}$$
$$5 \qquad \blacktriangle$$

문제해결

❶ 최소공배수를 구하는 식을 완성하고, ▲에 알맞은 수 구하기

최소공배수: $12 \times \boxed{} \times \blacktriangle = 180$ 🙂?

❷ 어떤 수 구하기

비법
공약수로 나누는 방법을 해석해!

공약수가 1이 될 때까지 나누었을 때, 최대 공약수와 나머지 수를 모두 곱하면 최소공배수가 돼요.

     → 최대공약수
예 $15 \,)\, \overline{30 \quad (\text{어떤 수})}$
       $2 \qquad \blacktriangle$ 최소공배수:

               $15 \times 2 \times \blacktriangle$

답 (   )

2   어떤 수와 140의 최대공약수는 20이고, 최소공배수는 560입니다. 어떤 수를 구하세요.

$$20 \,)\, \overline{(\text{어떤 수}) \quad 140}$$
$$\blacktriangle \qquad 7$$

(   )

3   36과 어떤 수의 최대공약수는 18이고, 최소공배수는 108입니다. 어떤 수를 구하세요.

(   )

A

A+ 최대공약수와 최소공배수를 이용하여 어떤 두 수 구하기

A++

4 두 수 ㉮와 ㉯의 최대공약수는 14이고, 최소공배수는 168입니다. ㉮와 ㉯를 각각 구하세요.

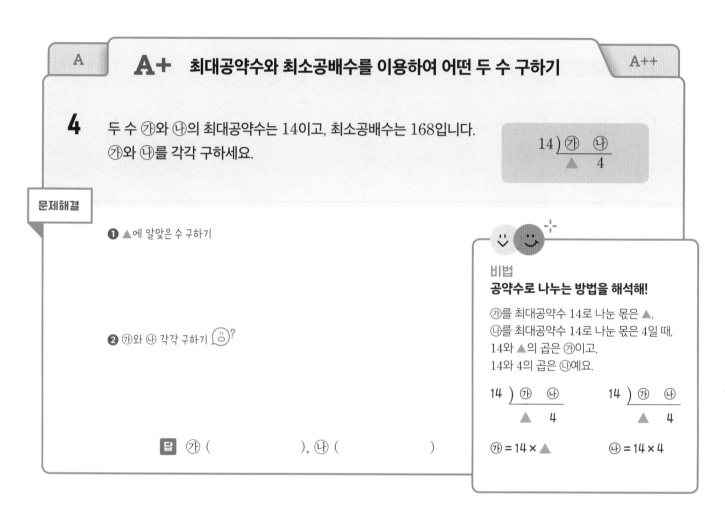

문제해결

❶ ▲에 알맞은 수 구하기

❷ ㉮와 ㉯ 각각 구하기 ?

답 ㉮ (   ), ㉯ (   )

비법
공약수로 나누는 방법을 해석해!

㉮를 최대공약수 14로 나눈 몫은 ▲,
㉯를 최대공약수 14로 나눈 몫은 4일 때,
14와 ▲의 곱은 ㉮이고,
14와 4의 곱은 ㉯예요.

$$14\,)\,\underline{\,㉮ \quad ㉯\,}$$
$$\quad\ \ ▲ \quad 4$$

$$14\,)\,\underline{\,㉮ \quad ㉯\,}$$
$$\quad\ \ ▲ \quad 4$$

㉮ = 14 × ▲   ㉯ = 14 × 4

5 두 수 ㉮와 ㉯의 최대공약수는 15이고, 최소공배수는 150입니다. ㉮와 ㉯를 각각 구하세요.

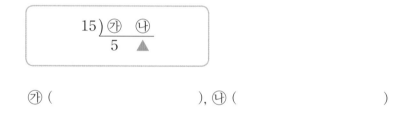

㉮ (   ), ㉯ (   )

6 어떤 두 수의 최대공약수는 24이고, 최소공배수는 720입니다. 이 두 수의 차가 24일 때 두 수 중에서 큰 수를 구하세요.

(   )

A++ 두 수의 곱과 최대공약수, 최소공배수의 관계 이용하기

A   A+

7 어떤 두 수의 곱은 768이고, 두 수의 최소공배수는 48입니다.
이 두 수의 공약수를 모두 구하세요.

문제해결

❶ 두 수의 곱을 최대공약수와 최소공배수를 이용하여 식 완성하기

(두 수의 곱) = (최대공약수) × (최소공배수)이므로

768 = (최대공약수) × ☐ 입니다.

❷ 두 수의 최대공약수 구하기

❸ 두 수의 공약수 모두 구하기

비법 두 수의 곱과 최소공배수를 알면
최대공약수를 구할 수 있어!

두 수 ㉮와 ㉯의 최대공약수가 ★일 때

★) ㉮ ㉯
    ㉠ ㉡

㉮ = ★ × ㉠,
㉯ = ★ × ㉡

• (최소공배수) = ★ × ㉠ × ㉡
• (두 수의 곱) = ㉮ × ㉯
            = ★ × ㉠ × ★ × ㉡
  최대공약수 ┘   └→ 최소공배수
            = (최대공약수) × (최소공배수)

(두 수의 곱) = (최대공약수) × (최소공배수)

답 (   )

8 어떤 두 수의 곱은 1875이고, 두 수의 최소공배수는 75입니다. 이 두 수의 공약수를 모두 구하
세요.

(   )

9 어떤 두 수의 곱은 147이고, 두 수의 최대공약수는 7입니다. 이 두 수의 공배수 중 네 번째로 작
은 수를 구하세요.

(   )

A **직사각형을 나누어 정사각형 만들기** B

1 가로가 168 cm, 세로가 154 cm인 직사각형 모양의 종이가 있습니다.
이 종이를 남는 부분 없이 크기가 같은 가장 큰 정사각형 모양 여러 개로 자르려고 합니다.
정사각형을 모두 몇 개 만들 수 있는지 구하세요.

문제해결

❶ 가장 큰 정사각형 모양으로 자르려면 무엇을 이용해야 하는지 알아보기

직사각형 모양의 종이를 가장 큰 정사각형 모양으로 잘라야 하므로

168과 154의 ☐ 공약수를 이용합니다. 🙂?

❷ 가장 큰 정사각형 모양으로 잘랐을 때 정사각형의 한 변의 길이 구하기

❸ 만들 수 있는 정사각형의 수 구하기

답 (   )

> **비법 최대공약수를 이용해!**
>
> " 가로가 **168 cm**, 세로가 **154 cm** 인 직사각형 모양의 종이가 있습니다. 이 종이를 남는 부분 없이 크기가 같은 가장 큰 정사각형 모양 여러 개로 자르려고 합니다."
>
> ⇨ 168과 154의 최대공약수를 구해요.
>

2 가로가 80 cm, 세로가 104 cm인 직사각형 모양의 종이가 있습니다. 이 종이를 남는 부분 없이 크기가 같은 가장 큰 정사각형 모양 여러 개로 자르려고 합니다. 정사각형을 모두 몇 개 만들 수 있는지 구하세요.

(   )

3 가로가 125 cm, 세로가 75 cm인 직사각형 모양의 벽에 가능한 한 큰 정사각형 모양의 타일을 빈틈없이 겹치지 않게 이어 붙이려고 합니다. 타일은 모두 몇 장 필요한지 구하세요.

(   )

| A | **B** 직사각형을 모아서 정사각형 만들기 |

4

가로가 30 cm, 세로가 36 cm인 직사각형 모양의 종이를
빈틈없이 겹치지 않게 늘어놓아 가장 작은 정사각형 모양을 만들려고 합니다.
직사각형 모양의 종이는 모두 몇 장 필요한지 구하세요.

문제해결

❶ 가장 작은 정사각형 모양을 만들려면 무엇을 이용해야 하는지 알아보기

직사각형 모양의 종이로 가장 작은 정사각형 모양을 만들어야 하므로

30과 36의 [　　　] 공배수를 이용합니다. 😀?

❷ 가장 작은 정사각형 모양을 만들었을 때 정사각형의 한 변의 길이 구하기

❸ 필요한 직사각형 모양의 종이의 수 구하기

답 (　　　　　　　　　　)

비법 최소공배수를 이용해!

" 가로가 **30 cm**, 세로가 **36 cm**인
직사각형 모양의 종이를 빈틈없이 겹
치지 않게 늘어놓아 가장 작은 정사각
형 모양을 만들려고 합니다."

⇨ 30과 36의 최소공배수를 구해요.

5

가로가 16 cm, 세로가 20 cm인 직사각형 모양의 종이를 빈틈없이 겹치지 않게 늘어놓아 가장
작은 정사각형 모양을 만들려고 합니다. 직사각형 모양의 종이는 모두 몇 장 필요한지 구하세요.

(　　　　　　　　　　)

6

가로가 40 cm, 세로가 35 cm인 직사각형 모양의 타일을 빈틈없이 겹치지 않게 이어 붙여서
가장 작은 정사각형 모양을 만들려고 합니다. 직사각형 모양의 타일은 모두 몇 장 필요한지 구하
세요.

(　　　　　　　　　　)

최대공약수, 최소공배수의 활용 ② – 나무 심기

A 직사각형 모양의 땅에 나무 심기

B

1 가로가 40 m, 세로가 28 m인 직사각형 모양의 땅이 있습니다.
땅의 가장자리를 따라 일정한 간격으로 나무를 심으려고 합니다.
나무를 가장 적게 심고, 네 모퉁이에는 반드시 나무를 심으려고 할 때
나무는 모두 몇 그루 필요한지 구하세요.
(단, 나무의 두께는 생각하지 않습니다.)

문제해결

❶ 나무 사이의 간격 구하기

❷ ❶에서 구한 간격으로 땅의 가로 한쪽, 세로 한쪽에 나무를 심을 때 필요한 나무
의 수 각각 구하기 ?

❸ 필요한 나무의 수 구하기

답 ( )

비법
간격 수에 1을 더하면 나무의 수!

나무의 수는 간격 수보다 1 커요.
예 • 간격 수: 2군데 ⇨ 나무의 수: 2+1
       =3(그루)

• 간격 수: 3군데 ⇨ 나무의 수: 3+1
       =4(그루)

• 간격 수: 4군데 ⇨ 나무의 수: 4+1
       =5(그루)
⋮

⇨ (나무의 수) = (간격 수) +1

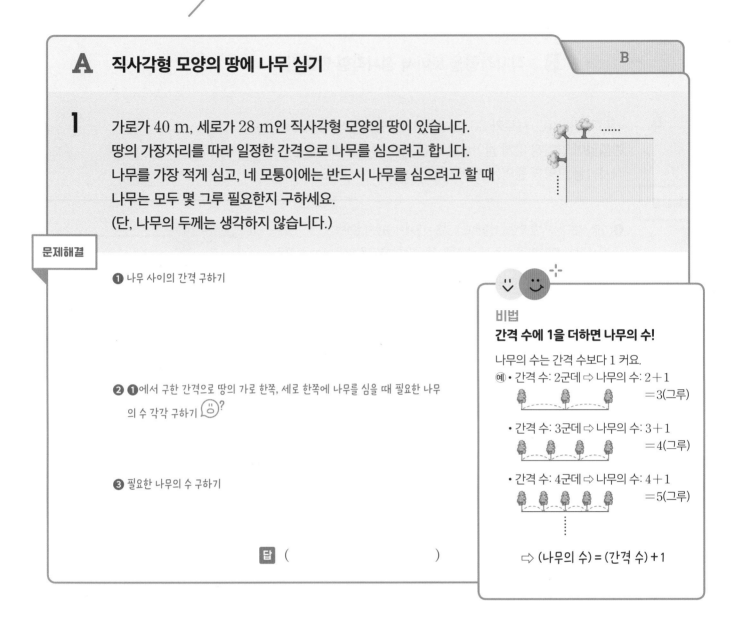

2 가로가 35 m, 세로가 60 m인 직사각형 모양의 땅의 가장자리를 따라 일정한 간격으로 깃발을
꽂으려고 합니다. 깃발을 가장 적게 꽂고, 네 모퉁이에는 반드시 깃발을 꽂으려고 할 때 깃발은
모두 몇 개 필요한지 구하세요. (단, 깃발의 두께는 생각하지 않습니다.)

( )

3 가로가 64 m, 세로가 48 m인 직사각형 모양의 땅의 가장자리를 따라 일정한 간격으로 말뚝을
박아 울타리를 설치하려고 합니다. 말뚝을 될 수 있는 대로 적게 박고, 네 모퉁이에는 반드시 말뚝
을 박으려고 할 때 말뚝은 모두 몇 개 필요한지 구하세요. (단, 말뚝의 두께는 생각하지 않습니다.)

( )

A

B 도로에 두 종류의 나무 겹치지 않게 심기

4 길이가 360 m인 도로의 한쪽에 처음부터 끝까지
12 m 간격으로 은행나무를 심고, 15 m 간격으로 느티나무를 심으려고 합니다.
두 나무가 겹치는 곳에는 느티나무만 심는다면 필요한 은행나무는 몇 그루인지 구하세요.
(단, 나무의 두께는 생각하지 않습니다.)

문제해결

❶ 도로의 처음부터 끝까지 12 m 간격으로 은행나무를 심을 때 심을 수 있는 은행나무의 수 구하기

❷ 두 나무가 겹치는 곳에 심는 느티나무의 수 구하기

❸ 필요한 은행나무의 수 구하기 😣?

답 (   )

> **비법 두 나무가 겹치는 곳에는 은행나무를 심지 않아!**
>
> 은행나무와 느티나무가 겹치는 곳은 은행나무를 심지 않고 느티나무만 심어요.
>
> ⇨ (필요한 은행나무의 수)
> = (심을 수 있는 은행나무의 수)
> − (두 나무가 겹치는 곳에 심는 느티나무의 수)

5 길이가 200 m인 도로의 한쪽에 처음부터 끝까지 5 m 간격으로 가로수를 심고, 4 m 간격으로 가로등을 세우려고 합니다. 가로수와 가로등이 겹치는 곳에는 가로수만 심는다면 필요한 가로등은 몇 개인지 구하세요. (단, 가로수와 가로등의 두께는 생각하지 않습니다.)

(   )

6 길이가 280 m인 도로의 한쪽에 처음부터 끝까지 8 m 간격으로 가로등을 세우고, 14 m 간격으로 표지판을 세우려고 합니다. 가로등과 표지판이 겹치는 곳에는 가로등만 세운다면 필요한 가로등과 표지판은 각각 몇 개인지 구하세요. (단, 가로등과 표지판의 두께는 생각하지 않습니다.)

가로등 (   ), 표지판 (   )

단원 2 유형 마스터

01 다음 조건을 모두 만족하는 수를 구하세요.

- 15보다 크고 50보다 작은 자연수입니다.
- 9의 배수이고 54의 약수입니다.
- 홀수입니다.

(　　　　　　　　)

02 4의 배수도 되고 9의 배수도 되는 수를 모두 찾아 쓰세요.

유형 03 B

660	792	1780	2052	5346

(　　　　　　　　)

03 사과 45개를 6명보다 많은 학생들에게 남김없이 똑같이 나누어 주려고 합니다. 나누어 줄 수 있는 방법은 모두 몇 가지인지 구하세요.

(　　　　　　　　)

04

∽
유형 02 Ⓐ

다음 조건에 맞는 수는 모두 몇 개인지 구하세요.

> 200부터 500까지의 자연수 중에서 7의 배수

(   )

05

∽
유형 04 Ⓑ

125와 144를 어떤 수로 나누면 나머지가 각각 5와 4입니다. 어떤 수가 될 수 있는 수를 모두 구하세요.

(   )

06

∽
유형 03 Ⓑ

다음 네 자리 수가 4의 배수도 되고 3의 배수도 될 때 만들 수 있는 가장 작은 수를 구하세요.

> □55□

(   )

07

유형 06 Ⓐ

어떤 수와 64의 최대공약수는 16이고, 최소공배수는 320입니다. 어떤 수를 구하세요.

(   )

08

유형 07 Ⓐ

가로가 105 cm, 세로가 180 cm인 직사각형 모양의 종이가 있습니다. 이 종이를 남는 부분 없이 크기가 같은 가장 큰 정사각형 모양 여러 개로 자르려고 합니다. 정사각형을 모두 몇 개 만들 수 있는지 구하세요.

(   )

09

주황색 전구는 4초 동안 켜져 있다가 2초 동안 꺼지고, 초록색 전구는 3초 동안 켜져 있다가 1초 동안 꺼집니다. 두 전구를 동시에 켠 후 바로 다음번에 동시에 켜지는 시각은 몇 초 후인지 구하세요.

(   )

10 어떤 수를 24로 나누어도 3이 남고, 36으로 나누어도 3이 남습니다. 어떤 수가 될 수 있는 수 중에서 가장 큰 세 자리 수를 구하세요.

유형 05 Ⓑ

(   )

11 1부터 500까지의 자연수 중에서 9의 배수도 아니고 30의 배수도 아닌 수는 모두 몇 개인지 구하세요.

유형 02 A+

(   )

12 길이가 600 m인 도로의 한쪽에 처음부터 끝까지 15 m 간격으로 단풍나무를 심고, 10 m 간격으로 은행나무를 심으려고 합니다. 두 나무가 겹치는 곳에는 은행나무만 심는다면 필요한 단풍나무는 몇 그루인지 구하세요. (단, 나무의 두께는 생각하지 않습니다.)

유형 08 Ⓑ

(   )

규칙과 대응

학습기록표

유형 01
학습일
학습평가

두 양 사이의 대응 관계

A	식
A+	혼합 계산식
A++	대응 규칙

유형 02
학습일
학습평가

규칙적으로 늘어놓은 모양에서 대응 관계

A	배열 순서와 모양
B	두 가지 모양
C	성냥개비

유형 03
학습일
학습평가

실생활 속 대응 관계 알아보기

A	세계 시각
B	탁자 수와 사람 수
C	자른 횟수와 도막 수

유형 04
학습일
학습평가

실생활 속 대응 관계를 식으로 나타내기

A	나이
B	무게와 길이
C	시간과 물의 양

유형 마스터
학습일
학습평가

규칙과 대응

유형 01 두 양 사이의 대응 관계

A 대응 관계를 식으로 나타내기

A+ A++

1 ●와 ■ 사이의 대응 관계를 나타낸 표입니다.
●와 ■ 사이의 대응 관계를 식으로 나타내고, 표를 완성하세요.

●	3	5	7	9	12		......
■	8	10	12		17	21	......

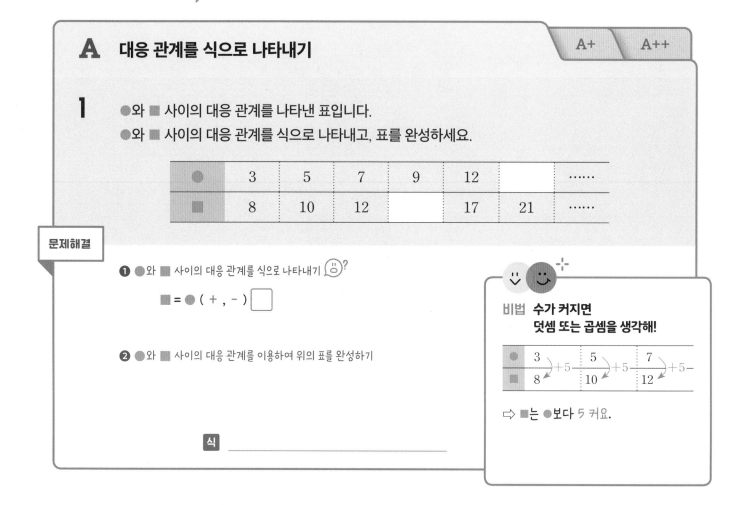

문제해결

❶ ●와 ■ 사이의 대응 관계를 식으로 나타내기 😊?

■ = ● (+ , −) ▢

❷ ●와 ■ 사이의 대응 관계를 이용하여 위의 표를 완성하기

비법 수가 커지면 덧셈 또는 곱셈을 생각해!

●	3	5	7
■	8	10	12

$3 \xrightarrow{+5} 5 \xrightarrow{+5} 7 \xrightarrow{+5}$
$8 \quad 10 \quad 12$

⇨ ■는 ●보다 5 커요.

식 _____

2 △와 ○ 사이의 대응 관계를 나타낸 표입니다. △와 ○ 사이의 대응 관계를 식으로 나타내고, 표를 완성하세요.

△	8	12	16		28	40	......
○	2	3	4	5		10	......

식 _____

3 □와 ☆ 사이의 대응 관계와 ☆과 △ 사이의 대응 관계를 나타낸 표입니다. 표를 완성하고, □가 30일 때 △는 얼마인지 구하세요.

□	2	4	6				......
☆	6	12	18	24	30	36	......
△				22	28	34	......

(　　　　　　　)

| A | | A++ |

A+   대응 관계를 혼합 계산식으로 나타내기

4 ★과 ● 사이의 대응 관계를 나타낸 표입니다.
표를 보고 ★과 ● 사이의 대응 관계를 식으로 나타내세요.

★	1	2	3	4	5	6	······
●	1	3	5	7	9	11	······

문제해결

❶ ★과 ● 사이의 대응 규칙 알아보기

$1 = 1 \times \boxed{} - 1, \ 3 = 2 \times \boxed{} - 1, \ 5 = 3 \times \boxed{} - 1 \ \cdots\cdots$?

❷ ★과 ● 사이의 대응 관계를 식으로 나타내기

$● = ★ \times \boxed{} - \boxed{}$

식 $● = $ _____

비법 ●가 2씩 커지면 ★에 2를 곱하여
혼합 계산식으로 만들어!

	+1	+1	+1	+1	+1	
★	1	2	3	4	5	6
●	1	3	5	7	9	11
	+2	+2	+2	+2	+2	

★이 1씩 커질 때마다 ●는 2씩 커지고,
●와 ★×2가 같지 않으므로
●와 같아지도록 ★×2에 수를 더하거나 빼서
대응 관계식을 만들어요.

5 □와 ♡ 사이의 대응 관계를 나타낸 표입니다. 표를 보고 □와 ♡ 사이의 대응 관계를 식으로 나타내세요.

□	1	2	3	4	5	6	······
♡	4	7	10	13	16	19	······

식 $♡ = $ _____

6 ♣와 ▽ 사이의 대응 관계를 나타낸 표입니다. 표를 보고 ♣가 33일 때 ▽는 얼마인지 구하세요.

♣	3	5	7	9	11	13	······
▽	8	12	16	20	24	28	······

(   )

A	A+

A++ 대응 규칙 알아맞히기

7 현수와 나영이가 수 알아맞히기 놀이를 하고 있습니다.
현수가 5라고 말하면 나영이는 14라 답하고,
현수가 7이라고 말하면 나영이는 20이라고 답합니다.
또, 현수가 9라고 말하면 나영이는 26이라고 답합니다.
현수가 12라고 말하면 나영이는 어떤 수를 답해야 하는지 구하세요.

문제해결

❶ 현수가 말하는 수를 ●, 나영이가 답하는 수를 ■라고 할 때 ●와 ■ 사이의
대응 관계를 식으로 나타내기

■ = ● × ☐ - ☐ ?

❷ 현수가 12라고 말하면 나영이는 어떤 수를 답해야 하는지 구하기

답 (   )

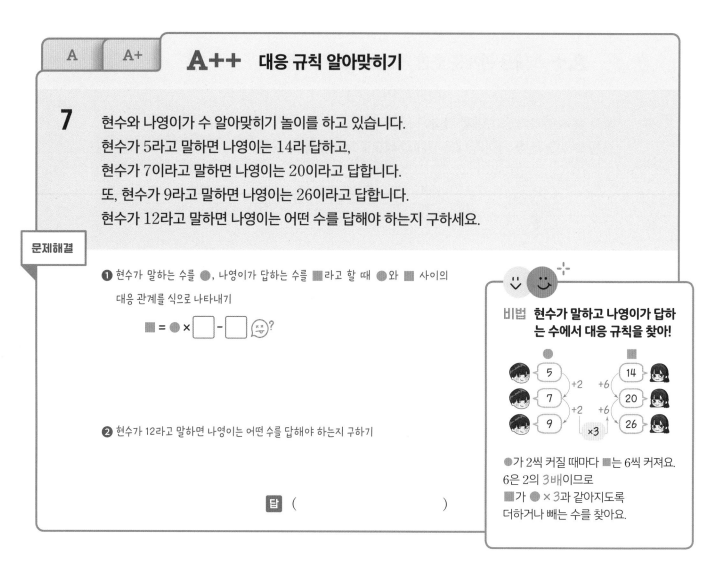

비법 현수가 말하고 나영이가 답하는 수에서 대응 규칙을 찾아!

●
5 +2
7 +2
9 ×3

■
14 +6
20 +6
26

●가 2씩 커질 때마다 ■는 6씩 커져요.
6은 2의 **3배**이므로
■가 ● × 3과 같아지도록
더하거나 빼는 수를 찾아요.

8 승희와 태규가 수 알아맞히기 놀이를 하고 있습니다. 승희가 4라고 말하면 태규는 9라 답하고,
승희가 6이라고 말하면 태규는 13이라고 답합니다. 또, 승희가 8이라고 말하면 태규는 17이라
고 답합니다. 승희가 15라고 말하면 태규는 어떤 수를 답해야 하는지 구하세요.

(   )

9 수를 일정한 규칙에 따라 2개씩 짝을 지었습니다. ☐에 알맞은 수를 구하세요.

| 2 → 4 | 4 → 16 | 7 → 49 | ☐ → 900 |

(   )

A 배열 순서에 따른 모양의 변화에서 규칙 찾기   B C

1 배열 순서에 맞게 수 카드를 놓고, 삼각형 조각으로 규칙적인 배열을 만들고 있습니다.
표를 완성하고, 15째에 필요한 삼각형 조각은 몇 개인지 구하세요.

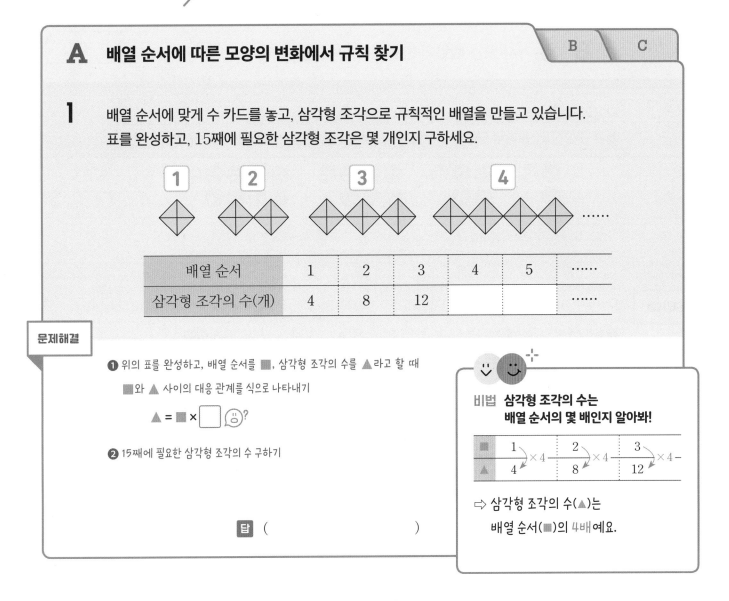

배열 순서	1	2	3	4	5	......
삼각형 조각의 수(개)	4	8	12			......

문제해결

❶ 위의 표를 완성하고, 배열 순서를 ■, 삼각형 조각의 수를 ▲라고 할 때

　 ■와 ▲ 사이의 대응 관계를 식으로 나타내기

　 ▲ = ■ × ⬚ ?

❷ 15째에 필요한 삼각형 조각의 수 구하기

비법 삼각형 조각의 수는
배열 순서의 몇 배인지 알아봐!

■	1 ×4	2 ×4	3 ×4
▲	4	8	12

⇨ 삼각형 조각의 수(▲)는
　배열 순서(■)의 4배예요.

답 (　　　　　　　　)

2 배열 순서에 맞게 수 카드를 놓고, 구슬로 규칙적인 배열을 만들고 있습니다. 표를 완성하고, 11째
에 필요한 구슬은 몇 개인지 구하세요.

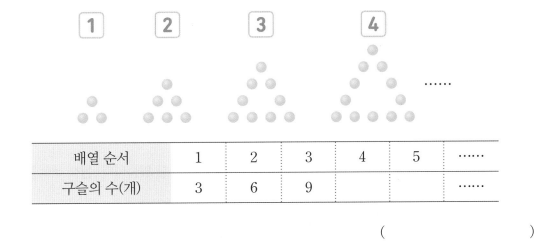

배열 순서	1	2	3	4	5	......
구슬의 수(개)	3	6	9			......

(　　　　　　　　)

A　　B　두 가지 모양 배열의 변화에서 규칙 찾기　　C

3 다음과 같은 규칙으로 초록색 단추와 보라색 단추를 놓고 있습니다.
표를 완성하고, 초록색 단추가 20개일 때 보라색 단추는 몇 개 필요한지 구하세요.

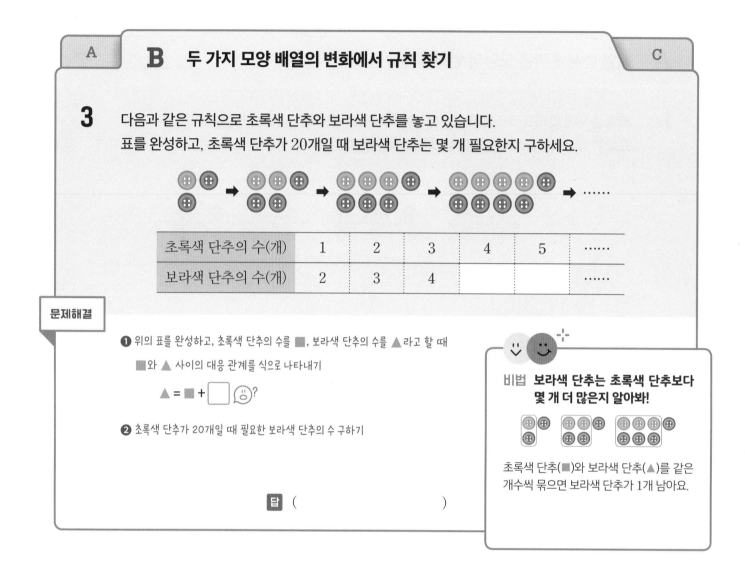

초록색 단추의 수(개)	1	2	3	4	5	……
보라색 단추의 수(개)	2	3	4			……

문제해결

❶ 위의 표를 완성하고, 초록색 단추의 수를 ■, 보라색 단추의 수를 ▲라고 할 때

■와 ▲ 사이의 대응 관계를 식으로 나타내기

▲ = ■ + ☐ ?

❷ 초록색 단추가 20개일 때 필요한 보라색 단추의 수 구하기

비법 **보라색 단추는 초록색 단추보다 몇 개 더 많은지 알아봐!**

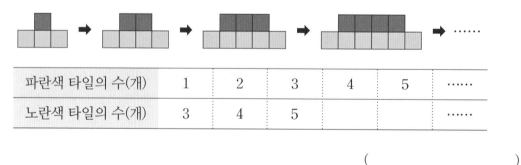

초록색 단추(■)와 보라색 단추(▲)를 같은 개수씩 묶으면 보라색 단추가 1개 남아요.

답 (　　　　　　　　　　　)

4 다음과 같은 규칙으로 파란색 타일과 노란색 타일을 붙이고 있습니다. 표를 완성하고, 파란색 타일이 14개일 때 노란색 타일은 몇 개 필요한지 구하세요.

파란색 타일의 수(개)	1	2	3	4	5	……
노란색 타일의 수(개)	3	4	5			……

(　　　　　　　　　　　)

5 다음과 같이 흰색과 검은색 바둑돌로 규칙적인 배열을 만들고 있습니다. 흰색 바둑돌이 23개일 때 검은색 바둑돌은 몇 개 필요한지 구하세요.

(　　　　　　　　　　　)

A	B	**C** 성냥개비를 사용한 도형에서 규칙 찾기

6 오른쪽과 같이 성냥개비로 정사각형을 만들고 있습니다.
표를 완성하고, 정사각형을 13개 만들 때
필요한 성냥개비는 몇 개인지 구하세요.

정사각형의 수(개)	1	2	3	4	5	……
성냥개비의 수(개)	4	7	10			……

문제해결

❶ 위의 표를 완성하고, 정사각형의 수를 ▧, 성냥개비의 수를 ▲ 라고 할 때

▧와 ▲ 사이의 대응 관계를 식으로 나타내기

▲ = [ ] + ▧ × [ ] 😞?

❷ 정사각형을 13개 만들 때 필요한 성냥개비의 수 구하기

답 (   )

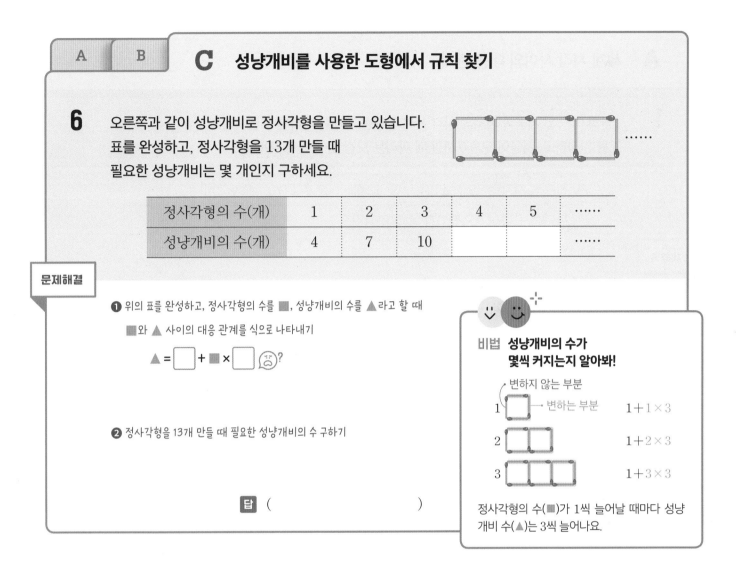

비법 성냥개비의 수가
몇씩 커지는지 알아봐!

변하지 않는 부분
1 [ ] ← 변하는 부분 $1+1×3$

2 [ ][ ] $1+2×3$

3 [ ][ ][ ] $1+3×3$

정사각형의 수(▧)가 1씩 늘어날 때마다 성냥
개비 수(▲)는 3씩 늘어나요.

7 오른쪽과 같이 성냥개비로 정오각형을 만들고
있습니다. 표를 완성하고, 정오각형을 10개
만들 때 필요한 성냥개비는 몇 개인지 구하
세요.

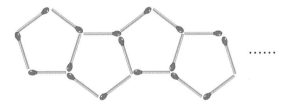

정오각형의 수(개)	1	2	3	4	5	……
성냥개비의 수(개)	5	9	13			……

(   )

8 오른쪽과 같이 성냥개비로 정삼각형을 만들고 있습니다. 성냥
개비 61개로 만들 수 있는 정삼각형은 몇 개인지 구하세요.

(   )

실생활 속 대응 관계 알아보기

A 세계 시각 사이의 대응 관계   B   C

1 1월의 어느 날 서울과 파리의 시각 사이의 대응 관계를 나타낸 표입니다.
표를 완성하고, 서울이 오후 7시일 때 파리는 오전 몇 시인지 구하세요.

서울의 시각	오전 11시	낮 12시	오후 1시	오후 2시	……
파리의 시각	오전 3시	오전 4시			……

문제해결

❶ 위의 표를 완성하고, 파리의 시각과 서울의 시각 사이의 대응 관계를 식으로 나타내기

(파리의 시각) = (서울의 시각) - ☐ ?

❷ 서울이 오후 7시일 때 파리는 오전 몇 시인지 구하기

답 (   )

비법 몇 시간 차이인지 알아봐!

서울의 시각	→ 오전 11시 →
	8시간 _____ 8시간
파리의 시각	후 오전 3시 ← 전

⇨ 서울이 파리보다 8시간 빠르므로 파리는 서울보다 8시간 느려요.

2 10월의 어느 날 서울과 두바이의 시각 사이의 대응 관계를 나타낸 표입니다. 표를 완성하고, 서울이 오후 8시일 때 두바이는 오후 몇 시인지 구하세요.

서울의 시각	오전 9시	오전 10시	오전 11시	낮 12시	……
두바이의 시각	오전 4시	오전 5시			……

(   )

3 5월의 어느 날 서울과 방콕의 시각 사이의 대응 관계를 나타낸 표입니다. 표를 완성하고, 방콕이 5월 10일 오후 11시일 때 서울은 몇 월 며칠 오전 몇 시인지 구하세요.

서울의 시각	낮 12시	오후 1시	오후 2시	오후 3시	……
방콕의 시각	오전 10시	오전 11시			……

같은 날이 아니므로 서울의 날짜와 시각을 모두 구해야 해!   (   )

A   **B 탁자 수와 사람 수 사이의 대응 관계**   C

4 8명이 앉을 수 있는 탁자를 다음과 같이 한 줄로 이어 붙여서 놓으려고 합니다.
탁자를 10개 이어 붙였을 때 앉을 수 있는 사람은 모두 몇 명인지 구하세요.

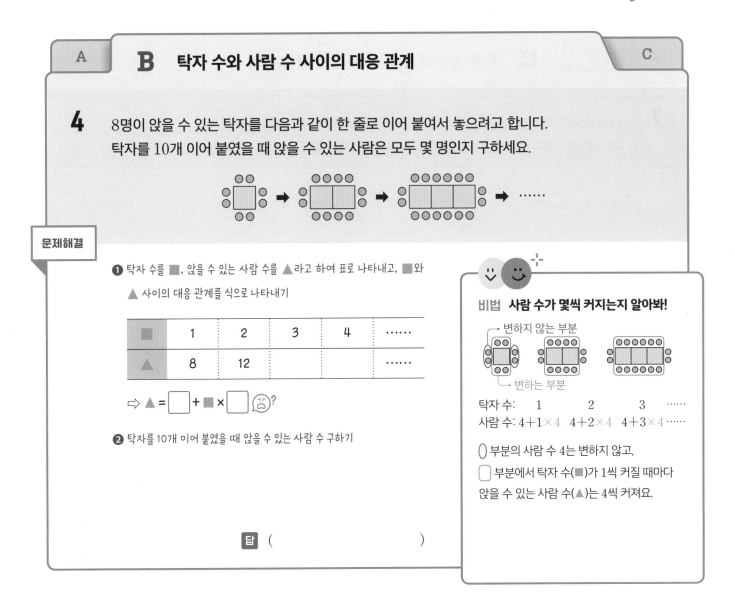

문제해결

❶ 탁자 수를 ■, 앉을 수 있는 사람 수를 ▲라고 하여 표로 나타내고, ■와
▲ 사이의 대응 관계를 식으로 나타내기

■	1	2	3	4	……
▲	8	12			……

⇨ ▲ = [ ] + ■ × [ ] 😣?

❷ 탁자를 10개 이어 붙였을 때 앉을 수 있는 사람 수 구하기

비법 사람 수가 몇씩 커지는지 알아봐!

→ 변하지 않는 부분
→ 변하는 부분

탁자 수: 1   2   3   ……
사람 수: $4+1×4$ $4+2×4$ $4+3×4$ ……

◯ 부분의 사람 수 4는 변하지 않고,
▢ 부분에서 탁자 수(■)가 1씩 커질 때마다
앉을 수 있는 사람 수(▲)는 4씩 커져요.

답 (   )

5 6명이 앉을 수 있는 탁자를 다음과 같이 한 줄로 이어 붙여서 놓으려고 합니다. 탁자를 8개 이어
붙였을 때 앉을 수 있는 사람은 모두 몇 명인지 구하세요.

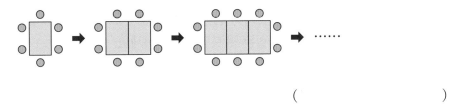

(   )

6 탁자와 의자를 오른쪽과 같이 한 줄로 이어 붙여서 놓으려고 합니다.
20명이 앉으려면 탁자는 모두 몇 개 필요한지 구하세요.

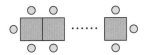

(   )

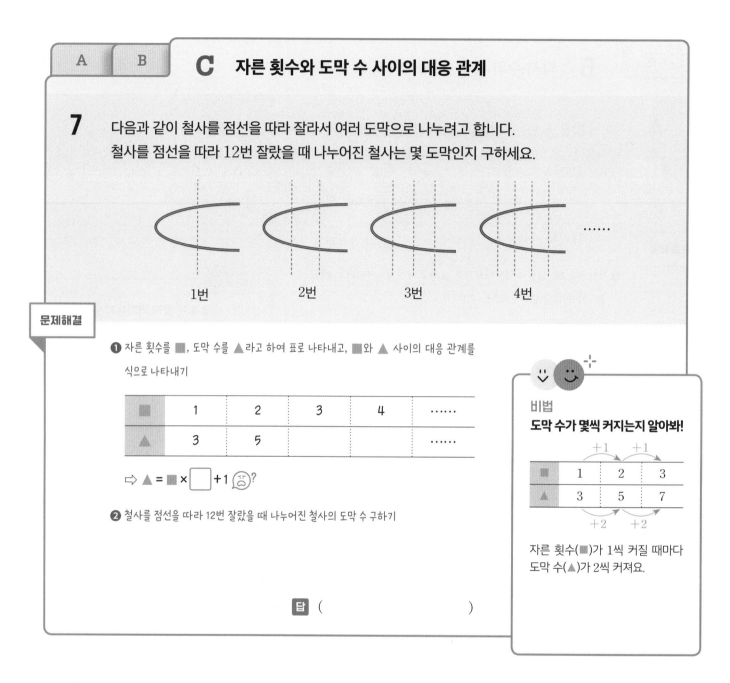

A B **C 자른 횟수와 도막 수 사이의 대응 관계**

7 다음과 같이 철사를 점선을 따라 잘라서 여러 도막으로 나누려고 합니다.
철사를 점선을 따라 12번 잘랐을 때 나누어진 철사는 몇 도막인지 구하세요.

1번   2번   3번   4번   ······

문제해결

❶ 자른 횟수를 ■, 도막 수를 ▲ 라고 하여 표로 나타내고, ■와 ▲ 사이의 대응 관계를
식으로 나타내기

■	1	2	3	4	······
▲	3	5			······

⇨ ▲ = ■ × ☐ +1 ☹?

❷ 철사를 점선을 따라 12번 잘랐을 때 나누어진 철사의 도막 수 구하기

비법
도막 수가 몇씩 커지는지 알아봐!

	+1	+1
■	1	2	3
▲	3	5	7
	+2	+2

자른 횟수(■)가 1씩 커질 때마다
도막 수(▲)가 2씩 커져요.

답 (   )

8 다음과 같이 털실을 점선을 따라 잘라서 여러 도막으로 나누려고 합니다. 털실을 점선을 따라
9번 잘랐을 때 나누어진 털실은 몇 도막인지 구하세요.

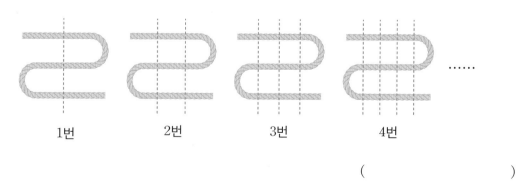

1번   2번   3번   4번   ······

(   )

실생활 속 대응 관계를 식으로 나타내기

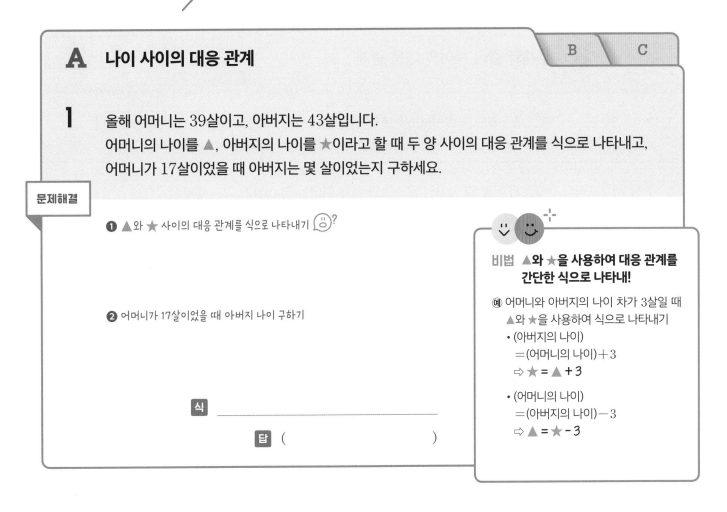

A 나이 사이의 대응 관계

B C

1 올해 어머니는 39살이고, 아버지는 43살입니다.
어머니의 나이를 ▲, 아버지의 나이를 ★이라고 할 때 두 양 사이의 대응 관계를 식으로 나타내고,
어머니가 17살이었을 때 아버지는 몇 살이었는지 구하세요.

문제해결

❶ ▲와 ★ 사이의 대응 관계를 식으로 나타내기

❷ 어머니가 17살이었을 때 아버지 나이 구하기

식 _____

답 ( )

비법 ▲와 ★을 사용하여 대응 관계를
간단한 식으로 나타내!

예 어머니와 아버지의 나이 차가 3살일 때
▲와 ★을 사용하여 식으로 나타내기
• (아버지의 나이)
＝(어머니의 나이)＋3
⇨ ★ = ▲ ＋ 3
• (어머니의 나이)
＝(아버지의 나이)－3
⇨ ▲ = ★ － 3

2 올해 세준이는 12살이고, 동생은 9살입니다. 세준이의 나이를 △, 동생의 나이를 ☆이라고 할
때 두 양 사이의 대응 관계를 식으로 나타내고, 세준이가 20살이 될 때 동생은 몇 살이 되는지 구
하세요.

식 _____

( )

3 재작년 건호는 6살이었고, 올해 이모는 33살입니다. 건호의 나이를 △, 이모의 나이를 ☆이라고
할 때 두 양 사이의 대응 관계를 식으로 나타내고, 건호가 15살이 될 때 이모는 몇 살이 되는지 구
하세요.

식 _____

( )

| A | **B** 무게와 길이 사이의 대응 관계 | C |

4 길이가 5 cm인 용수철이 있습니다. 이 용수철에 10 g짜리 추를 매달면 2 cm씩 늘어납니다.
용수철에 매단 10 g짜리 추의 수를 ▲, 늘어난 용수철의 전체 길이를 ★ (cm)이라고 할 때
두 양 사이의 대응 관계를 식으로 나타내고,
10 g짜리 추를 7개 매달 때 늘어난 용수철의 전체 길이는 몇 cm가 되는지 구하세요.

문제해결

❶ ▲와 ★ 사이의 대응 관계를 표로 나타내고, 식으로 나타내기

▲	0	1	2	3	4	……
★	5	7	9			……

⇨ ★ = 5 + ▲ × ☐ 😖?

❷ 10 g짜리 추를 7개 매달 때 늘어난 용수철의 전체 길이 구하기

식 _____

답 (   )

비법
용수철의 길이 (★)는
5 cm에서 2 cm씩 늘어나!

5 cm
2 cm
2 cm

용수철의 길이는
5 cm에서 10 g짜리 추(▲)가
1개씩 늘어날 때마다
용수철의 길이(★)는 2 cm씩
늘어나요.

5 길이가 10 cm인 용수철이 있습니다. 이 용수철에 20 g짜리 추를 매달면 3 cm씩 늘어납니다.
용수철에 매단 20 g짜리 추의 수를 △, 늘어난 용수철의 전체 길이를 ☆ (cm)이라고 할 때 두
양 사이의 대응 관계를 식으로 나타내고, 20 g짜리 추를 9개 매달면 늘어난 용수철의 전체 길이
는 몇 cm가 되는지 구하세요.

식 _____ , (   )

6 길이가 6 cm인 용수철이 있습니다. 이 용수철에 50 g짜리 추를 매달면 4 cm씩 늘어납니다.
용수철에 매단 50 g짜리 추의 수를 △, 늘어난 용수철의 전체 길이를 ☆ (cm)이라고 할 때 두
양 사이의 대응 관계를 식으로 나타내고, 늘어난 용수철의 전체 길이가 38 cm일 때 50 g짜리
추를 몇 개 매단 것인지 구하세요.

식 _____ , (   )

A	B

C 시간과 물의 양 사이의 대응 관계

7 물탱크에 물이 500 L 들어 있습니다. 이 물탱크의 물을 1분에 4 L씩 사용하려고 합니다.
사용한 시간을 ▲(분), 물탱크에 남아 있는 물의 양을 ★ (L)이라고 할 때
두 양 사이의 대응 관계를 식으로 나타내고,
물을 사용한 지 15분 후에 물탱크에 남아 있는 물은 몇 L인지 구하세요.

문제해결

❶ ▲와 ★ 사이의 대응 관계를 표로 나타내고, 식으로 나타내기

▲	0	1	2	3	4	......
★	500	496	492			......

⇨ ★ = 500 - ▲ × ☐ 😵?

❷ 물을 사용한 지 15분 후에 물탱크에 남아 있는 물의 양 구하기

비법
**물의 양(★)은
500 L에서 4 L씩 줄어!**

500 L에서 물을 사용한 시간
(▲)이 1분씩 늘어날 때마다
남아 있는 물의 양(★)은 4 L
씩 줄어들어요.

식 _____

답 (   )

8 물탱크에 물이 400 L 들어 있습니다. 이 물탱크의 물을 1분에 3 L씩 사용하려고 합니다. 사용한
시간을 △(분), 물탱크에 남아 있는 물의 양을 ☆ (L)이라고 할 때 두 양 사이의 대응 관계를 식으
로 나타내고, 물을 사용한 지 10분 후에 물탱크에 남아 있는 물은 몇 L인지 구하세요.

식 _____ , (   )

9 물탱크에 물이 600 L 들어 있습니다. 이 물탱크의 물을 1분에 5 L씩 사용하려고 합니다. 사용한
시간을 △(분), 물탱크에 남아 있는 물의 양을 ☆ (L)이라고 할 때 두 양 사이의 대응 관계를 식으
로 나타내고, 물탱크에 남아 있는 물이 540 L가 될 때는 물을 사용한 지 몇 분 후인지 구하세요.

식 _____ , (   )

01

유형 01 A+

○와 △ 사이의 대응 관계를 나타낸 표입니다. 표를 보고 ○와 △ 사이의 대응 관계를 식으로 나타내세요.

○	1	2	3	4	5	6	……
△	3	5	7	9	11	13	……

식 $\triangle =$ _____

02

유형 01 A

○와 △ 사이의 대응 관계와 △와 ☆ 사이의 대응 관계를 나타낸 표입니다.
○=21일 때 △+☆은 얼마인지 구하세요.

○	5	6	7	8	9	10	……
△	2	3	4	5	6	7	……
☆	8	12	16	20	24	28	……

(   )

03

유형 01 A++

영준이와 나림이가 수 카드를 이용하여 규칙 알아맞히기 놀이를 하고 있습니다. 다음과 같이 영준이가 수 카드를 먼저 내면 나림이가 규칙에 따라 수 카드를 냅니다. 영준이가 54가 쓰인 수 카드를 낸다면 나림이는 어떤 수가 쓰인 수 카드를 내야 하는지 구하세요.

<영준> <나림>   <영준> <나림>   <영준> <나림>

12 ⇨ 2   30 ⇨ 5   42 ⇨ 7

(   )

04

🔗 유형 02 🅐

배열 순서에 맞게 수 카드를 놓고, 정사각형 조각으로 규칙적인 배열을 만들고 있습니다. 20째에 필요한 정사각형 조각은 몇 개인지 구하세요.

 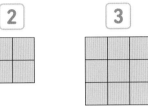 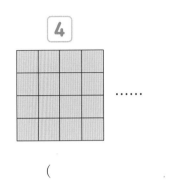

(   )

05

🔗 유형 02 🅒

다음과 같이 성냥개비로 정사각형을 만들고 있습니다. 성냥개비 100개로 만들 수 있는 정사각형은 몇 개인지 구하세요.

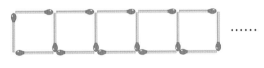

(   )

06

🔗 유형 04 🅒

물이 1분에 2 L씩 나오는 수도꼭지를 틀어 물이 5 L 담겨 있는 물통에 물을 더 받으려고 합니다. 물통에 담긴 물이 25 L가 될 때는 수도꼭지를 틀어 놓은 지 몇 분 후인지 구하세요.

(   )

07

유형 04 Ⓐ

2019년에 보라는 8살이었고 2021년에 아버지는 42살이었습니다. 아버지가 60살이 될 때 보라는 몇 살이 되는지 구하세요.

(   )

08

유형 03 Ⓑ

누름 못을 사용하여 다음과 같이 도화지를 붙이고 있습니다. 도화지 9장을 붙이려면 누름 못은 몇 개 필요한지 구하세요.

(   )

09

다음과 같이 통나무를 점선을 따라 자르려고 합니다. 통나무를 한 번 자르는 데 5분이 걸린다면 쉬지 않고 10도막으로 자르는 데 모두 몇 분이 걸리는지 구하세요.

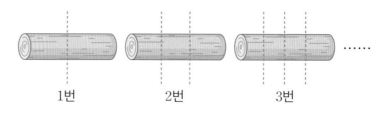

1번   2번   3번

(   )

10 길이가 7 cm인 색 테이프를 다음과 같이 2 cm씩 겹치게 이어 붙이고 있습니다. 색 테이프가 10번 겹쳐졌다면 이어 붙인 색 테이프의 전체 길이는 몇 cm인지 구하세요.

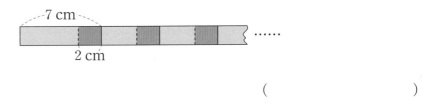

(   )

11 지면으로부터 높이가 1 km 높아질 때마다 온도가 6 ℃씩 내려간다고 합니다. 지면의 온도가 37 ℃일 때 온도가 1 ℃가 되는 지점은 지면으로부터 높이가 몇 km인지 구하세요.

🔗 유형 04 **C**

(   )

12 다음과 같이 바둑돌로 규칙적인 배열을 만들고 있습니다. 100째에 놓일 바둑돌에서 검은색 바둑돌의 수와 흰색 바둑돌의 수의 차는 몇 개인지 구하세요.

🔗 유형 02 **B**

(   )

약분과 통분

학습기록표

유형 01
학습일
학습평가

약분, 기약분수

A	기약분수들의 합
A+	기약분수 만들기
A++	기약분수의 개수

유형 02
학습일
학습평가

크기가 같은 분수 만들기

A	수를 더해서
A+	수를 빼서
A++	같은 수를 더하거나 빼서

유형 03
학습일
학습평가

약분하기 전의 분수

A	거꾸로 생각
B	합의 조건
C	곱의 조건
A+B	처음의 분수

유형 04
학습일
학습평가

수 카드로 분수 만들기

| A | 가장 큰 분수 |
| B | $\frac{1}{2}$보다 큰 진분수 |

유형 05
학습일
학습평가

□가 있는 분수의 크기 비교

| A | 분자의 범위 |
| A+ | 분모의 범위 |

유형 06
학습일
학습평가

통분을 이용하여 조건을 만족하는 분수 구하기

A	두 수 사이의 분수
A+	두 수 사이의 기약분수
B	더 가까운 분수
B+	가장 가까운 분수

유형 마스터
학습일
학습평가

약분과 통분

약분, 기약분수

A 기약분수들의 합 구하기

A+ A++

1 분모가 15인 진분수 중에서 기약분수들의 합을 구하세요.

문제해결

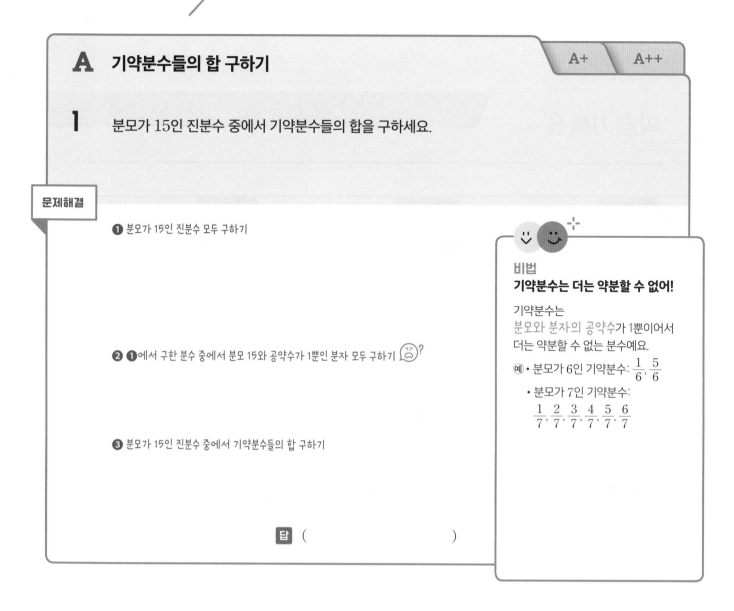

❶ 분모가 15인 진분수 모두 구하기

❷ ❶에서 구한 분수 중에서 분모 15와 공약수가 1뿐인 분자 모두 구하기

❸ 분모가 15인 진분수 중에서 기약분수들의 합 구하기

답 (   )

비법
기약분수는 더는 약분할 수 없어!

기약분수는
분모와 분자의 공약수가 1뿐이어서
더는 약분할 수 없는 분수예요.

예 · 분모가 6인 기약분수: $\frac{1}{6}, \frac{5}{6}$

· 분모가 7인 기약분수:
$\frac{1}{7}, \frac{2}{7}, \frac{3}{7}, \frac{4}{7}, \frac{5}{7}, \frac{6}{7}$

2 분모가 14인 진분수 중에서 기약분수들의 합을 구하세요.

(   )

3 분모가 20인 진분수 중에서 기약분수들의 합을 구하세요.

(   )

A A+ 기약분수 만들기 A++

4 9부터 12까지의 자연수 중에서 2개를 골라 진분수를 만들려고 합니다.
만들 수 있는 진분수 중에서 기약분수를 모두 구하세요.

문제해결

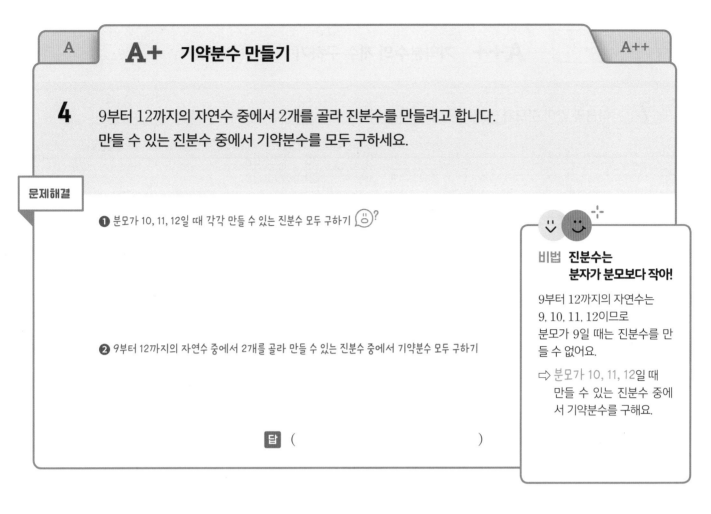

❶ 분모가 10, 11, 12일 때 각각 만들 수 있는 진분수 모두 구하기 😀?

❷ 9부터 12까지의 자연수 중에서 2개를 골라 만들 수 있는 진분수 중에서 기약분수 모두 구하기

답 (   )

비법 진분수는 분자가 분모보다 작아!

9부터 12까지의 자연수는
9, 10, 11, 12이므로
분모가 9일 때는 진분수를 만들 수 없어요.

⇨ 분모가 10, 11, 12일 때
만들 수 있는 진분수 중에서 기약분수를 구해요.

5 5부터 8까지의 자연수 중에서 2개를 골라 진분수를 만들려고 합니다. 만들 수 있는 진분수 중에서 기약분수를 모두 구하세요.

(   )

6 11부터 15까지의 자연수 중에서 2개를 골라 진분수를 만들려고 합니다. 만들 수 있는 진분수 중에서 기약분수는 모두 몇 개인지 구하세요.

(   )

A	A+

A++ 기약분수의 개수 구하기

7 다음과 같이 분모가 39인 진분수 중에서 기약분수는 모두 몇 개인지 구하세요.

$$\frac{1}{39}, \frac{2}{39}, \frac{3}{39} \cdots\cdots \frac{36}{39}, \frac{37}{39}, \frac{38}{39}$$

문제해결

❶ 분모가 39인 진분수 중에서 기약분수가 아닌 분수의 조건 알아보기 😟?

분자가 ☐ 의 배수 또는 13의 배수이면 약분이 되므로

기약분수가 아닙니다.

❷ 분모가 39인 진분수 중에서 약분이 되는 분수의 개수 구하기

❸ 분모가 39인 진분수 중에서 기약분의 개수 구하기

답 (   )

> **비법 약분할 수 있으면 기약분수가 아니야!**
>
> 분모가 39인 진분수에는 기약분수와 기약분수가 아닌 분수가 있고, 기약분수가 아닌 분수는 약분할 수 있어요.
>
> • 기약분수: 예 $\frac{1}{39}, \frac{2}{39}$ ……
>
> • 기약분수가 아닌 분수:
>
> 예 $\frac{\overset{2}{\cancel{6}}}{\underset{13}{\cancel{39}}} = \frac{2}{13}$ (3으로 약분)
>
> $\frac{\overset{2}{\cancel{26}}}{\underset{3}{\cancel{39}}} = \frac{2}{3}$ (13으로 약분)

8 다음과 같이 분모가 55인 진분수 중에서 기약분수는 모두 몇 개인지 구하세요.

$$\frac{1}{55}, \frac{2}{55}, \frac{3}{55} \cdots\cdots \frac{52}{55}, \frac{53}{55}, \frac{54}{55}$$

(   )

9 다음과 같이 분모가 8인 분수 중에서 약분하여 자연수가 되는 분수들의 합을 구하세요.

$$\frac{1}{8}, \frac{2}{8}, \frac{3}{8} \cdots\cdots \frac{98}{8}, \frac{99}{8}, \frac{100}{8}$$

(   )

크기가 같은 분수 만들기

A 수를 더해서 크기가 같은 분수 만들기

A+   A++

1 $\frac{2}{9}$의 분모에 27을 더했을 때 분수의 크기가 변하지 않으려면

분자에 얼마를 더해야 하는지 구하세요.

문제해결

❶ $\frac{2}{9}$의 분모에 27을 더했을 때 분모를 구하고, $\frac{2}{9}$와 크기가 같은 분수 중에서 구한 수를

분모로 하는 분수 구하기 😊?

❷ 분자에 더해야 하는 수 구하기

답 (   )

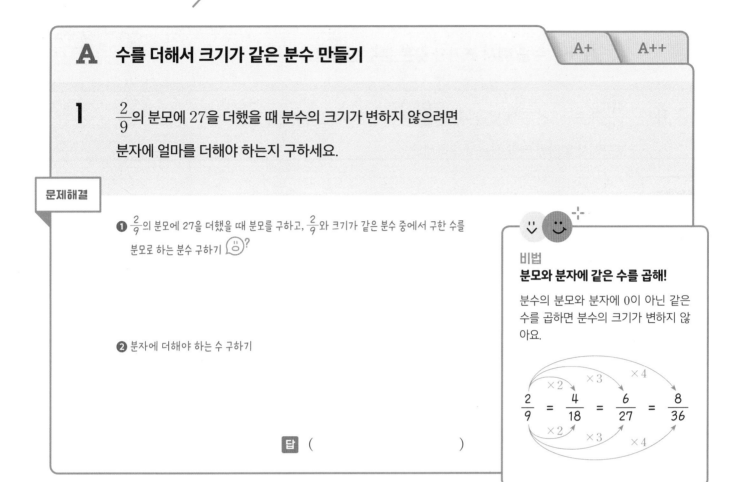

비법
분모와 분자에 같은 수를 곱해!

분수의 분모와 분자에 0이 아닌 같은
수를 곱하면 분수의 크기가 변하지 않
아요.

$$\frac{2}{9} = \frac{4}{18} = \frac{6}{27} = \frac{8}{36}$$

2 $\frac{5}{6}$의 분모에 48을 더했을 때 분수의 크기가 변하지 않으려면 분자에 얼마를 더해야 하는지 구하
세요.

(   )

3 $\frac{4}{7}$의 분자에 20을 더했을 때 분수의 크기가 변하지 않으려면 분모에 얼마를 더해야 하는지 구하
세요.

(   )

A **A+** **수를 빼서 크기가 같은 분수 만들기** A++

4 $\frac{40}{50}$의 분자에서 32를 뺐을 때 분수의 크기가 변하지 않으려면

분모에서 얼마를 빼야 하는지 구하세요.

문제해결

❶ $\frac{40}{50}$의 분자에서 32를 뺐을 때 분자를 구하고, $\frac{40}{50}$과 크기가 같은 분수 중에서 구한 수를 분자로 하는 분수 구하기 😊?

❷ 분모에서 빼야 하는 수 구하기

답 (   )

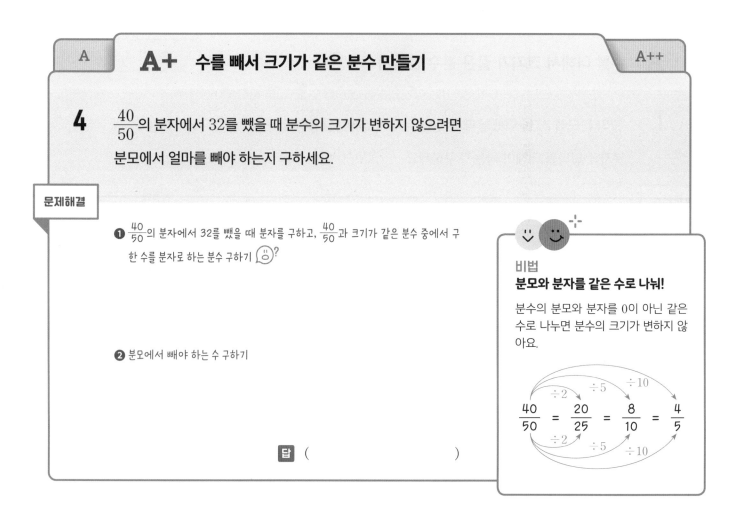

비법
분모와 분자를 같은 수로 나눠!

분수의 분모와 분자를 0이 아닌 같은 수로 나누면 분수의 크기가 변하지 않아요.

$$\frac{40}{50} = \frac{20}{25} = \frac{8}{10} = \frac{4}{5}$$

5 $\frac{24}{36}$의 분자에서 18을 뺐을 때 분수의 크기가 변하지 않으려면 분모에서 얼마를 빼야 하는지 구하세요.

(   )

6 $\frac{84}{108}$의 분모에서 72를 뺐을 때 분수의 크기가 변하지 않으려면 분자에서 얼마를 빼야 하는지 구하세요.

(   )

A	A+

A++ 같은 수를 더하거나 빼서 크기가 같은 분수 만들기

7 $\frac{17}{24}$의 분모와 분자에 같은 수를 더하여 $\frac{3}{4}$과 크기가 같은 분수를 만들려고 합니다.

분모와 분자에 얼마를 더해야 하는지 구하세요.

문제해결

❶ 분모와 분자에 더해야 하는 수를 ■라고 하여 분수를 나타내고, 분모와 분자의

차 구하기 😊?

$\frac{17}{24}$의 분모와 분자에 같은 수를 더하면 $\dfrac{\boxed{}+■}{24+■}$

❷ $\frac{3}{4}$과 크기가 같은 분수 중에서 분모와 분자의 차가 ❶과 같은 분수 구하기

❸ 분모와 분자에 더해야 하는 수 구하기

답 (   )

비법 분모와 분자의 차를 알아봐!

분수의 분모와 분자에 같은 수를 더하면
분모와 분자의 차는 변하지 않아요.

• $\frac{17}{24}$의 분모와 분자의 차: $24-17=7$

• $\frac{17+1}{24+1}=\frac{18}{25}$의 분모와 분자의 차:
$25-18=7$

• $\frac{17+2}{24+2}=\frac{19}{26}$의 분모와 분자의 차:
$26-19=7$
⋮

• $\frac{17+■}{24+■}$의 분모와 분자의 차:

$(24+■)-(17+■)=24-17=7$

8 $\frac{13}{40}$의 분모와 분자에 같은 수를 더하여 $\frac{2}{5}$와 크기가 같은 분수를 만들려고 합니다. 분모와 분자에 얼마를 더해야 하는지 구하세요.

(   )

9 $\frac{43}{67}$의 분모와 분자에서 같은 수를 빼서 $\frac{5}{8}$와 크기가 같은 분수를 만들려고 합니다. 분모와 분자에서 얼마를 빼야 하는지 구하세요.

(   )

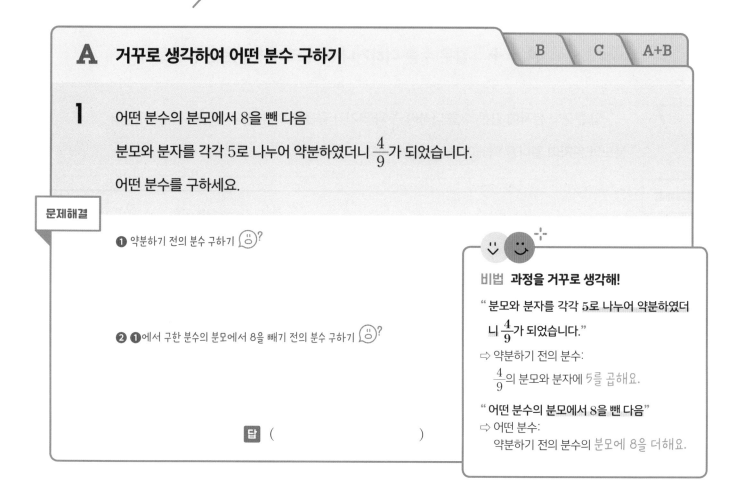

A 거꾸로 생각하여 어떤 분수 구하기

B   C   A+B

문제해결

1 어떤 분수의 분모에서 8을 뺀 다음

분모와 분자를 각각 5로 나누어 약분하였더니 $\frac{4}{9}$가 되었습니다.

어떤 분수를 구하세요.

❶ 약분하기 전의 분수 구하기 ?

❷ ❶에서 구한 분수의 분모에서 8을 빼기 전의 분수 구하기 ?

비법 과정을 거꾸로 생각해!

"분모와 분자를 각각 **5**로 나누어 약분하였더니 $\frac{4}{9}$가 되었습니다."

⇨ 약분하기 전의 분수:

$\frac{4}{9}$의 분모와 분자에 5를 곱해요.

"어떤 분수의 분모에서 **8**을 뺀 다음"

⇨ 어떤 분수:

약분하기 전의 분수의 분모에 8을 더해요.

답 (   )

2 어떤 분수의 분자에 9를 더한 다음 분모와 분자를 각각 4로 나누어 약분하였더니 $\frac{3}{5}$이 되었습니다. 어떤 분수를 구하세요.

(   )

3 어떤 분수의 분모에 3을 더하고, 분자에서 3을 뺀 다음 분모와 분자를 각각 7로 나누어 약분하였더니 $\frac{1}{6}$이 되었습니다. 어떤 분수를 구하세요.

(   )

| A | **B** 합(차)의 조건에 맞는 약분하기 전의 분수 구하기 | C | A+B |

4 분모와 분자의 합이 117이고, 기약분수로 나타내면 $\dfrac{5}{8}$가 되는 분수를 구하세요.

문제해결

❶ 구하는 분수를 ■를 사용하여 나타내기

기약분수로 나타냈을 때 $\dfrac{5}{8}$가 되는 분수: $\dfrac{\square \times ■}{8 \times ■}$?

❷ 분모와 분자의 합이 117임을 이용하여 ■ 구하기

❸ 분모와 분자의 합이 117이고, 기약분수로 나타내면 $\dfrac{5}{8}$가 되는 분수 구하기

비법 **약분하기 전의 분수를 ■로 나타내!**

기약분수로 나타냈을 때 $\dfrac{5}{8}$가 되는 분수는 $\dfrac{5}{8}$의 분모와 분자에 0이 아닌 같은 수를 각각 곱한 꼴이에요.

· $\dfrac{5 \times 2}{8 \times 2} = \dfrac{10}{16} \Rightarrow \dfrac{\overset{5}{\cancel{10}}}{\underset{8}{\cancel{16}}} = \dfrac{5}{8}$ (2로 약분)

· $\dfrac{5 \times 3}{8 \times 3} = \dfrac{15}{24} \Rightarrow \dfrac{\overset{5}{\cancel{15}}}{\underset{8}{\cancel{24}}} = \dfrac{5}{8}$ (3으로 약분)

· $\dfrac{5 \times 4}{8 \times 4} = \dfrac{20}{32} \Rightarrow \dfrac{\overset{5}{\cancel{20}}}{\underset{8}{\cancel{32}}} = \dfrac{5}{8}$ (4로 약분)

⋮

· $\dfrac{5 \times ■}{8 \times ■} \Rightarrow \dfrac{\overset{5}{\cancel{5 \times ■}}}{\underset{8}{\cancel{8 \times ■}}} = \dfrac{5}{8}$ (■로 약분)

답 (   )

5 분모와 분자의 합이 44이고, 기약분수로 나타내면 $\dfrac{4}{7}$가 되는 분수를 구하세요.

(   )

6 분모와 분자의 차가 30이고, 기약분수로 나타내면 $\dfrac{8}{13}$이 되는 분수를 구하세요.

(   )

A B **C** 곱의 조건에 맞는 약분하기 전의 분수 구하기 A+B

7 분모와 분자의 곱이 150이고, 기약분수로 나타내면 $\frac{2}{3}$가 되는 분수를 구하세요.

문제해결

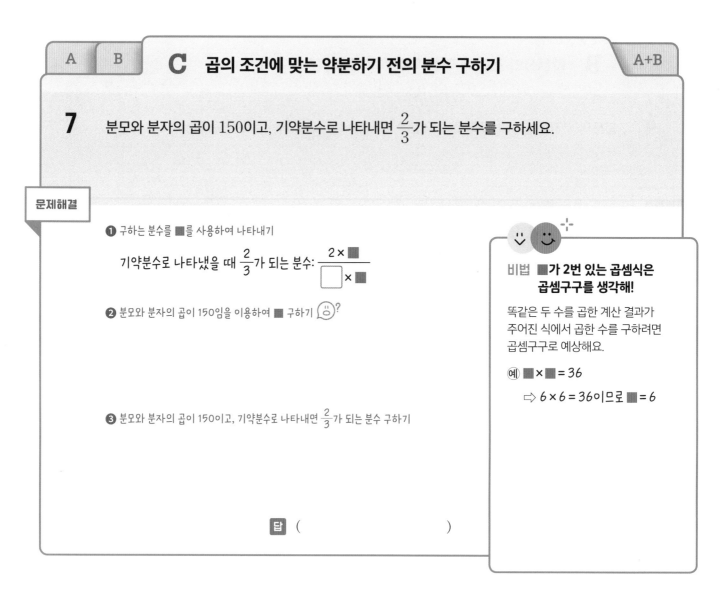

❶ 구하는 분수를 ■를 사용하여 나타내기

기약분수로 나타냈을 때 $\frac{2}{3}$가 되는 분수: $\dfrac{2 \times ■}{\boxed{} \times ■}$

❷ 분모와 분자의 곱이 150임을 이용하여 ■ 구하기

비법 **■가 2번 있는 곱셈식은 곱셈구구를 생각해!**

똑같은 두 수를 곱한 계산 결과가 주어진 식에서 곱한 수를 구하려면 곱셈구구로 예상해요.

(예) ■ × ■ = 36
⇨ 6 × 6 = 36이므로 ■ = 6

❸ 분모와 분자의 곱이 150이고, 기약분수로 나타내면 $\frac{2}{3}$가 되는 분수 구하기

답 (   )

8 분모와 분자의 곱이 196이고, 기약분수로 나타내면 $\frac{1}{4}$이 되는 분수를 구하세요.

(   )

9 분모와 분자의 최소공배수가 20이고, 기약분수로 나타내면 $\frac{2}{5}$가 되는 분수를 구하세요.

최대공약수 $\boxed{}$) (분모) (분자)
          ▲   ●
⇨ (최소공배수) = $\boxed{}$ × ▲ × ●

(   )

A	B	C

A+B 처음의 분수 구하기

10 분모와 분자의 합이 53인 분수가 있습니다.

이 분수의 분모에 7을 더하고 약분하였더니 $\frac{1}{5}$이 되었습니다. 처음의 분수를 구하세요.

문제해결

❶ 처음의 분수를 ▓를 사용하여 나타내기 (◡̈)?

약분하기 전의 분수: $\dfrac{1 \times \blacksquare}{5 \times \blacksquare}$

⇨ 분모에 7을 더하기 전의 분수: $\dfrac{1 \times \blacksquare}{5 \times \blacksquare - \boxed{}}$

❷ 분모와 분자의 합이 53임을 이용하여 ▓ 구하기

❸ 처음의 분수 구하기

답 (   )

비법 과정을 거꾸로 생각해!

"분수의 분모에 7을 더하고
약분하였더니 $\frac{1}{5}$이 되었습니다."

⇨ 약분하기 전의 분수:
$\frac{1}{5}$의 분모와 분자에 0이 아닌
같은 수를 곱해요.

"분수의 분모에 7을 더하고
약분하였더니 $\frac{1}{5}$이 되었습니다."

⇨ 분수의 분모에 7을 더하기 전의 분수:
약분하기 전의 분수의 분모에서 7을 빼요.

11 분모와 분자의 합이 85인 분수가 있습니다. 이 분수의 분자에서 5를 빼고 약분하였더니 $\frac{3}{7}$이 되었습니다. 처음의 분수를 구하세요.

(   )

12 분모와 분자의 차가 7인 분수가 있습니다. 이 분수의 분모에 4를 더하고 약분하였더니 $\frac{5}{6}$가 되었습니다. 처음의 분수를 구하세요.

(   )

수 카드로 분수 만들기

A 가장 큰 분수 만들기

B

1 4장의 수 카드 중에서 2장을 뽑아 한 번씩 사용하여 만들 수 있는 가장 큰 진분수를 구하세요.

| 2 | 5 | 6 | 9 |

문제해결

❶ 분모가 5, 6, 9일 때 가장 큰 진분수 각각 만들기

❷ ❶에서 만든 세 진분수를 통분하여 가장 큰 수 구하기 😃?

비법
통분한 분수의 분자를 비교해!

분모가 다른 분수의 크기 비교는
분모를 통분하여
분자의 크기를 비교해요.

답 (   )

2 4장의 수 카드 중에서 2장을 뽑아 한 번씩 사용하여 만들 수 있는 가장 큰 진분수를 구하세요.

| 3 | 4 | 5 | 8 |

(   )

3 4장의 수 카드 중에서 3장을 뽑아 한 번씩 사용하여 만들 수 있는 가장 큰 대분수를 구하세요.

| 7 | 9 | 3 | 2 |

(   )

A

B $\frac{1}{2}$보다 큰(작은) 진분수 만들기

4 4장의 수 카드 중에서 2장을 뽑아 한 번씩 사용하여 진분수를 만들려고 합니다.

만들 수 있는 진분수 중에서 $\frac{1}{2}$보다 큰 분수를 모두 구하세요.

| 2 | 4 | 7 | 8 |

문제해결

❶ 4장의 수 카드 중에서 2장을 뽑아 한 번씩 사용하여 진분수 모두 만들기

❷ ❶에서 만든 진분수 중에서 (분자)×2가 (분모)보다 큰 분수 모두 구하기

비법 **(분자)×2와 분모를 비교해!**

· (분자)×2 > (분모)이면

분수는 $\frac{1}{2}$보다 큰 수

· (분자)×2 < (분모)이면

분수는 $\frac{1}{2}$보다 작은 수

예

0    $\frac{2}{5}$ $\frac{1}{2}$ $\frac{3}{4}$ 1

· $\frac{2}{5}$: 2×2<5이므로 $\frac{2}{5}$<$\frac{1}{2}$

· $\frac{3}{4}$: 3×2>4이므로 $\frac{3}{4}$>$\frac{1}{2}$

답 (   )

5 4장의 수 카드 중에서 2장을 뽑아 한 번씩 사용하여 진분수를 만들려고 합니다. 만들 수 있는 진

분수 중에서 $\frac{1}{2}$보다 큰 분수를 모두 구하세요.

| 3 | 5 | 7 | 9 |

(   )

6 4장의 수 카드 중에서 2장을 뽑아 한 번씩 사용하여 진분수를 만들려고 합니다. 만들 수 있는 진

분수 중에서 $\frac{1}{2}$보다 작은 분수를 모두 구하세요.

| 3 | 4 | 8 | 9 |

(   )

□가 있는 분수의 크기 비교

A 분자의 범위 구하기

A+

1 1부터 9까지의 자연수 중에서 ■에 들어갈 수 있는 수를 모두 구하세요.

$$\frac{7}{12} > \frac{■}{8}$$

문제해결

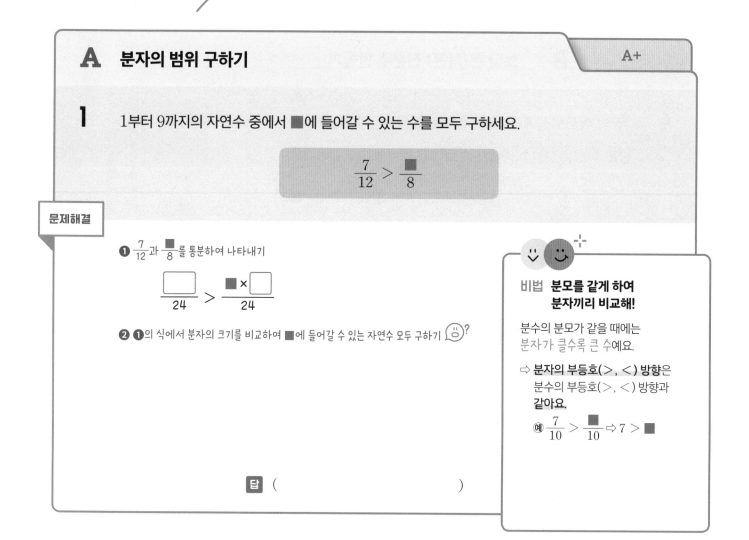

❶ $\frac{7}{12}$과 $\frac{■}{8}$를 통분하여 나타내기

$$\frac{\boxed{}}{24} > \frac{■ \times \boxed{}}{24}$$

❷ ❶의 식에서 분자의 크기를 비교하여 ■에 들어갈 수 있는 자연수 모두 구하기 😊?

비법 **분모를 같게 하여
분자끼리 비교해!**

분수의 분모가 같을 때에는
분자가 클수록 큰 수예요.

⇨ **분자의 부등호(>, <) 방향**은
분수의 부등호(>, <) 방향과
같아요.

예 $\frac{7}{10} > \frac{■}{10}$ ⇨ $7 > ■$

답 (   )

2 1부터 9까지의 자연수 중에서 □ 안에 들어갈 수 있는 수를 모두 구하세요.

$$\frac{\boxed{}}{4} < \frac{17}{20}$$

(   )

3 □ 안에 들어갈 수 있는 자연수를 모두 구하세요.

$$\frac{1}{3} < \frac{\boxed{}}{6} < \frac{8}{9}$$

(   )

A

A+ 분모의 범위 구하기

4 ■에 들어갈 수 있는 자연수 중에서 가장 작은 수를 구하세요.

$$\frac{5}{7} > \frac{3}{■}$$

문제해결

❶ $\frac{5}{7}$와 $\frac{3}{■}$의 분자를 같게 하여 나타내기

$$\frac{\boxed{}}{21} > \frac{\boxed{}}{■ \times 5}$$

❷ ❶의 식에서 분모의 크기를 비교하여 ■에 들어갈 수 있는 자연수 중에서 가장 작은 수 구하기 ?

답 (   )

비법 **분자를 같게 하여 분모끼리 비교해!**

분수의 분자가 같을 때에는 분모가 작을수록 큰 수예요.

⇨ **분모의 부등호(> , <) 방향**은 분수의 부등호(> , <) 방향과 **반대예요.**

예 $\frac{5}{12} > \frac{5}{■}$ ⇨ $12 < ■$

5 □ 안에 들어갈 수 있는 자연수 중에서 가장 큰 수를 구하세요.

$$\frac{7}{11} < \frac{4}{□}$$

(   )

6 □ 안에 들어갈 수 있는 자연수를 모두 구하세요.

$$\frac{3}{5} < \frac{6}{□} < \frac{11}{14}$$

(   )

통분을 이용하여 조건을 만족하는 분수 구하기

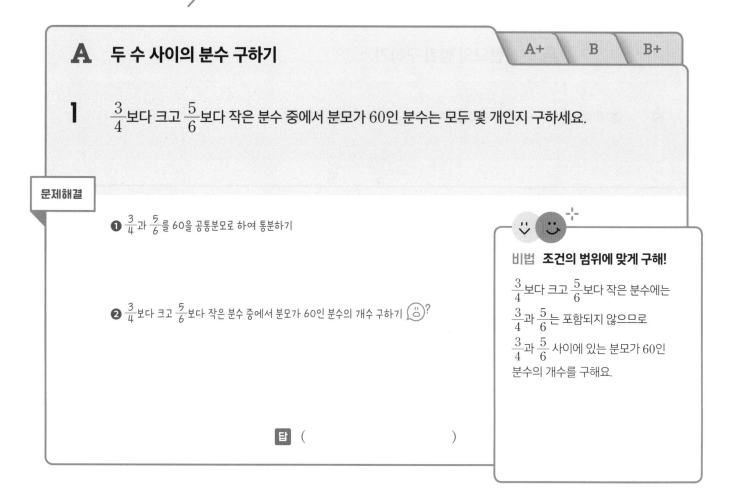

A 두 수 사이의 분수 구하기

A+ | B | B+

1 $\frac{3}{4}$보다 크고 $\frac{5}{6}$보다 작은 분수 중에서 분모가 60인 분수는 모두 몇 개인지 구하세요.

문제해결

❶ $\frac{3}{4}$과 $\frac{5}{6}$를 60을 공통분모로 하여 통분하기

❷ $\frac{3}{4}$보다 크고 $\frac{5}{6}$보다 작은 분수 중에서 분모가 60인 분수의 개수 구하기

답 (   )

비법 조건의 범위에 맞게 구해!

$\frac{3}{4}$보다 크고 $\frac{5}{6}$보다 작은 분수에는

$\frac{3}{4}$과 $\frac{5}{6}$는 포함되지 않으므로

$\frac{3}{4}$과 $\frac{5}{6}$ 사이에 있는 분모가 60인 분수의 개수를 구해요.

2 $\frac{2}{9}$보다 크고 $\frac{1}{3}$보다 작은 분수 중에서 분모가 54인 분수는 모두 몇 개인지 구하세요.

(   )

3 다음 조건을 모두 만족하는 분수를 구하세요.

- $\frac{3}{5}$보다 크고 0.625보다 작은 분수입니다.
- 분모가 80인 분수입니다.

(   )

| A | **A+** 두 수 사이의 기약분수 구하기 | | B | B+ |

4 $\dfrac{3}{10}$보다 크고 $\dfrac{5}{12}$보다 작은 분수 중에서 분모가 30인 기약분수를 구하세요.

문제해결

❶ 구하는 기약분수를 $\dfrac{\blacksquare}{30}$라고 하여 세 분수를 통분하여 나타내기 ⌣?

$\dfrac{3}{10} < \dfrac{\blacksquare}{30} < \dfrac{5}{12}$ ⇨ $\dfrac{\square}{60} < \dfrac{\blacksquare \times \square}{60} < \dfrac{\square}{60}$

❷ ❶의 식에서 분자의 크기를 비교하여 ■에 들어갈 수 있는 수 모두 구하기

❸ $\dfrac{3}{10}$보다 크고 $\dfrac{5}{12}$보다 작은 분수 중에서 분모가 30인 기약분수 구하기

답 (   )

비법 **10, 12, 30의 최소공배수로 통분해!**

$\dfrac{3}{10}$과 $\dfrac{5}{12}$ 중에서

$\dfrac{5}{12}$는 분모를 30으로 바로 만들 수 없으므로

분모 10, 12, 30의 최소공배수로 세 분수를 통분해요.

$\cdot \dfrac{3}{10} = \dfrac{3 \times 6}{10 \times 6}$

$\cdot \dfrac{5}{12} = \dfrac{5 \times 5}{12 \times 5}$

$\cdot \dfrac{\blacksquare}{30} = \dfrac{\blacksquare \times 2}{30 \times 2}$

5 $\dfrac{5}{8}$보다 크고 $\dfrac{5}{6}$보다 작은 분수 중에서 분모가 36인 기약분수를 모두 구하세요.

(   )

6 다음 조건을 모두 만족하는 분수는 모두 몇 개인지 구하세요.

- $\dfrac{2}{5}$보다 크고 $\dfrac{7}{9}$보다 작은 분수입니다.
- 분자가 8인 기약분수입니다.

분자가 8인 분수를 $\dfrac{8}{\square}$로 놓고, 분자를 같게 하여 분모의 크기를 비교해요. ⌣

(   )

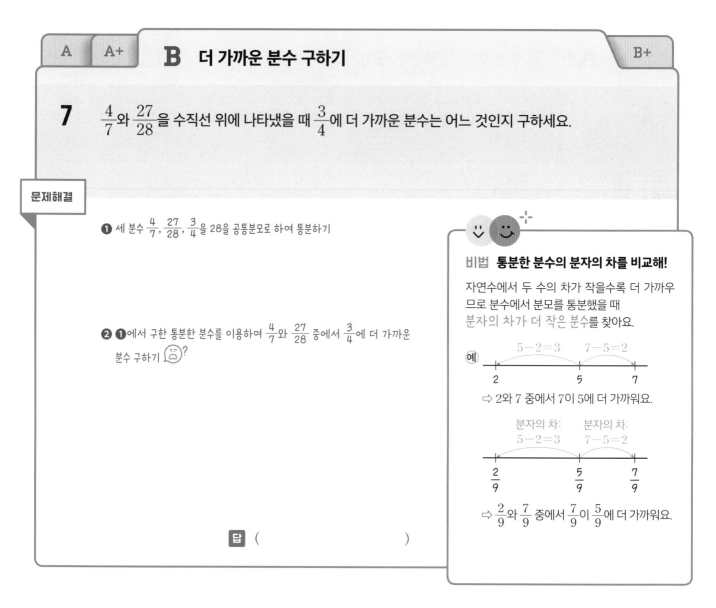

| A | A+ | **B** 더 가까운 분수 구하기 | B+ |

7 $\frac{4}{7}$와 $\frac{27}{28}$을 수직선 위에 나타냈을 때 $\frac{3}{4}$에 더 가까운 분수는 어느 것인지 구하세요.

문제해결

❶ 세 분수 $\frac{4}{7}$, $\frac{27}{28}$, $\frac{3}{4}$을 28을 공통분모로 하여 통분하기

❷ ❶에서 구한 통분한 분수를 이용하여 $\frac{4}{7}$와 $\frac{27}{28}$ 중에서 $\frac{3}{4}$에 더 가까운 분수 구하기 ☺?

비법 **통분한 분수의 분자의 차를 비교해!**

자연수에서 두 수의 차가 작을수록 더 가까우므로 분수에서 분모를 통분했을 때 분자의 차가 더 작은 분수를 찾아요.

예

$5-2=3$ $7-5=2$

2   5   7

⇨ 2와 7 중에서 7이 5에 더 가까워요.

분자의 차: $5-2=3$ 분자의 차: $7-5=2$

$\frac{2}{9}$ $\frac{5}{9}$ $\frac{7}{9}$

⇨ $\frac{2}{9}$와 $\frac{7}{9}$ 중에서 $\frac{7}{9}$이 $\frac{5}{9}$에 더 가까워요.

답 (   )

8 $\frac{5}{6}$와 $\frac{8}{9}$을 수직선 위에 나타냈을 때 $\frac{7}{8}$에 더 가까운 분수는 어느 것인지 구하세요.

(   )

9 0.56과 $\frac{7}{10}$을 수직선 위에 나타냈을 때 $\frac{3}{5}$에 더 가까운 수는 어느 것인지 구하세요.

(   )

A	A+	B

B+ 가장 가까운 분수 구하기

10 분모가 9인 분수 중에서 $\frac{3}{5}$에 가장 가까운 분수를 구하세요.

문제해결

① 분모가 9인 분수를 $\frac{\blacksquare}{9}$라고 하여 $\frac{3}{5}$과 통분하여 나타내기

$$\frac{\blacksquare}{9} = \frac{\blacksquare \times \boxed{}}{45}, \quad \frac{3}{5} = \frac{27}{45}$$

② ①에서 통분한 분수의 $\blacksquare$에 5, 6을 넣어 $\frac{27}{45}$과 분자의 차 각각 구하기

③ 분모가 9인 분수 중에서 $\frac{3}{5}$에 가장 가까운 분수 구하기

답 (   )

> 비법 $\frac{27}{45}\left(=\frac{3}{5}\right)$에 가깝게
> $\blacksquare$에 넣을 수를 예상해!
>
> • 분모가 45이고 분자는 5의 배수인 수:
> $$\frac{5}{45}, \frac{10}{45} \cdots\cdots \frac{25}{45}, \frac{30}{45} \cdots\cdots$$
> $$\overset{\frac{27}{45}}{}$$
> ⇨ $\frac{27}{45}$이 $\frac{5 \times 5}{45}$와 $\frac{6 \times 5}{45}$ 사이에 있으므로 $\blacksquare$에 5, 6을 넣어요.

11 분모가 11인 분수 중에서 $\frac{4}{7}$에 가장 가까운 분수를 구하세요.

(   )

12 분모가 12인 분수 중에서 $\frac{9}{10}$에 가장 가까운 분수를 구하세요.

(   )

01 두 분수를 200과 300 사이의 수를 공통분모로 하여 통분하세요.

$$\frac{7}{10} \qquad \frac{1}{12}$$

(,   )

02 $\frac{1}{63}$을 제외한 분모가 63인 진분수 중에서 약분하여 단위분수가 되는 분수는 모두 몇 개인지 구하세요.

유형 01 A++

$$\frac{2}{63},\ \frac{3}{63}\ \cdots\cdots\ \frac{60}{63},\ \frac{61}{63},\ \frac{62}{63}$$

(   )

03 어떤 분수의 분모에서 7을 빼고, 분자에 5를 더한 다음 분모와 분자를 각각 6으로 나누어 약분 하였더니 $\frac{3}{5}$이 되었습니다. 어떤 분수를 구하세요.

유형 03 A

(   )

04

↭
유형 05 **A+**

☐ 안에 들어갈 수 있는 자연수 중에서 가장 큰 수를 구하세요.

$$\frac{4}{9} < \frac{3}{\square}$$

(   )

05

↭
유형 03 **C**

분모와 분자의 곱이 189이고, 기약분수로 나타내면 $\frac{3}{7}$이 되는 분수를 구하세요.

(   )

06

↭
유형 04 **A**

5장의 수 카드 중에서 3장을 뽑아 한 번씩 사용하여 만들 수 있는 가장 큰 대분수를 구하세요.

| 2 | | 3 | | 6 | | 7 | | 9 |

(   )

07

유형 01 A++

다음과 같이 분모가 34인 진분수 중에서 약분할 수 있는 분수는 모두 몇 개인지 구하세요.

$$\frac{1}{34}, \ \frac{2}{34}, \ \frac{3}{34} \ \cdots\cdots \ \frac{31}{34}, \ \frac{32}{34}, \ \frac{33}{34}$$

(   )

08

다음 분수 중에서 3에 가장 가까운 분수를 찾아 쓰세요.

$$3\frac{7}{15} \qquad 2\frac{2}{9} \qquad 2\frac{7}{12}$$

(   )

09

유형 02 A++

$\frac{32}{67}$의 분모와 분자에서 같은 수를 빼서 $\frac{4}{9}$와 크기가 같은 분수를 만들려고 합니다. 분모와 분자에서 얼마를 빼야 하는지 구하세요.

(   )

10 다음 식을 만족하는 ●를 구하세요.

$$\frac{● - 10}{● + 10} = \frac{3}{7}$$

(   )

11 분모가 8인 분수 중에서 $\frac{2}{3}$에 가장 가까운 분수를 구하세요.

유형 06 **B+**

(   )

12 $\frac{1}{3}$보다 크고 $\frac{5}{8}$보다 작은 분수 중에서 분자가 4인 기약분수를 모두 구하세요.

유형 06 **A+**

(   )

분수의
덧셈과 뺄셈

학습기록표

분수의 덧셈과 뺄셈의 활용

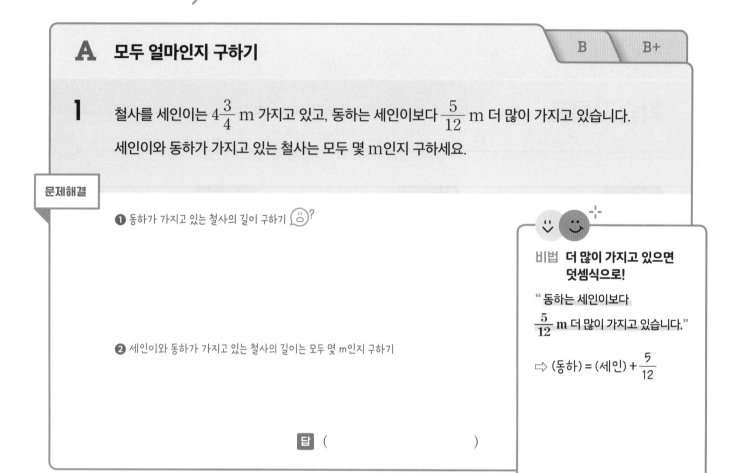

A 모두 얼마인지 구하기

B　　B+

문제해결

1 철사를 세인이는 $4\frac{3}{4}$ m 가지고 있고, 동하는 세인이보다 $\frac{5}{12}$ m 더 많이 가지고 있습니다.
세인이와 동하가 가지고 있는 철사는 모두 몇 m인지 구하세요.

❶ 동하가 가지고 있는 철사의 길이 구하기 ?

❷ 세인이와 동하가 가지고 있는 철사의 길이는 모두 몇 m인지 구하기

답 (　　　　　　　　　)

비법 더 많이 가지고 있으면 덧셈식으로!

" 동하는 세인이보다
$\frac{5}{12}$ m 더 많이 가지고 있습니다."

⇨ (동하) = (세인) + $\frac{5}{12}$

2 어제는 비가 $2\frac{2}{3}$ mm 내렸고, 오늘은 어제보다 $1\frac{1}{7}$ mm 더 많이 내렸습니다. 어제와 오늘 비가 모두 몇 mm 내렸는지 구하세요.

(　　　　　　　　　)

3 주말농장에서 방울토마토를 $3\frac{4}{15}$ kg 땄고, 파프리카는 방울토마토보다 $\frac{11}{20}$ kg 더 적게 땄습니다. 방울토마토와 파프리카를 모두 몇 kg 땄는지 구하세요.

(　　　　　　　　　)

A

B 색 테이프의 전체 길이 구하기

B+

4 길이가 $3\frac{1}{6}$ m인 색 테이프 3장을 그림과 같이 $\frac{5}{8}$ m씩 겹치게 이어 붙였습니다.

이어 붙인 색 테이프의 전체 길이는 몇 m인지 구하세요.

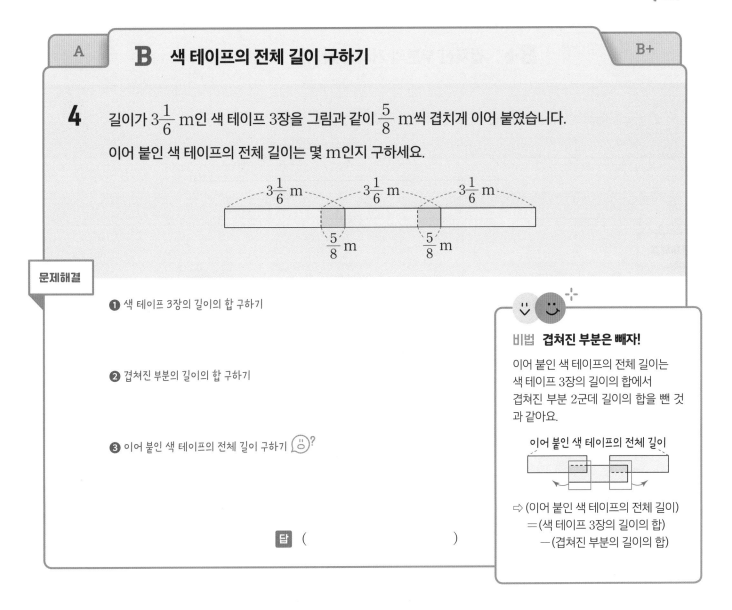

문제해결

❶ 색 테이프 3장의 길이의 합 구하기

❷ 겹쳐진 부분의 길이의 합 구하기

❸ 이어 붙인 색 테이프의 전체 길이 구하기 ☺?

비법 **겹쳐진 부분은 빼자!**

이어 붙인 색 테이프의 전체 길이는
색 테이프 3장의 길이의 합에서
겹쳐진 부분 2군데 길이의 합을 뺀 것
과 같아요.

이어 붙인 색 테이프의 전체 길이

⇨ (이어 붙인 색 테이프의 전체 길이)
  ＝(색 테이프 3장의 길이의 합)
  －(겹쳐진 부분의 길이의 합)

답 (   )

5 길이가 $2\frac{4}{9}$ m인 색 테이프 3장을 그림과 같이 $\frac{3}{5}$ m씩 겹치게 이어 붙였습니다. 이어 붙인 색

테이프의 전체 길이는 몇 m인지 구하세요.

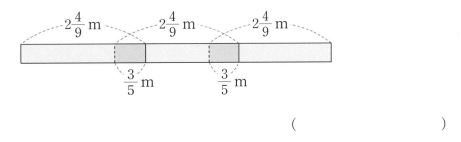

(   )

6 길이가 각각 $1\frac{3}{5}$ m, $3\frac{1}{8}$ m, $2\frac{7}{10}$ m인 색 테이프 3장을 $\frac{1}{4}$ m씩 겹치게 한 줄로 이어 붙였습

니다. 이어 붙인 색 테이프의 전체 길이는 몇 m인지 구하세요.

(   )

| A | B |

B+ 겹쳐진 부분의 거리 구하기

7 ⓛ에서 ⓒ까지의 거리는 몇 m인지 구하세요.

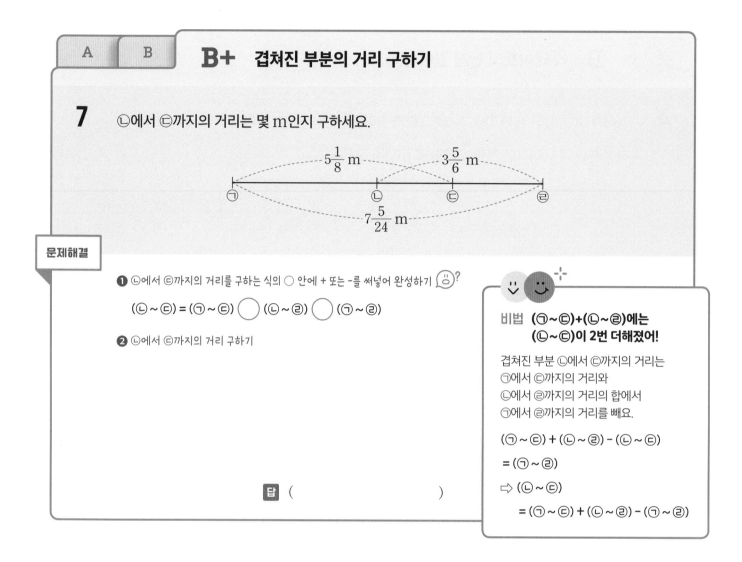

문제해결

❶ ⓛ에서 ⓒ까지의 거리를 구하는 식의 ○ 안에 + 또는 −를 써넣어 완성하기 😊?

(ⓛ~ⓒ) = (㉠~ⓒ) ○ (ⓛ~㉣) ○ (㉠~㉣)

❷ ⓛ에서 ⓒ까지의 거리 구하기

답 ( )

😊 😊

비법 (㉠~ⓒ)+(ⓛ~㉣)에는
(ⓛ~ⓒ)이 2번 더해졌어!

겹쳐진 부분 ⓛ에서 ⓒ까지의 거리는
㉠에서 ⓒ까지의 거리와
ⓛ에서 ㉣까지의 거리의 합에서
㉠에서 ㉣까지의 거리를 빼요.

(㉠~ⓒ) + (ⓛ~㉣) − (ⓛ~ⓒ)

= (㉠~㉣)

➡ (ⓛ~ⓒ)

　= (㉠~ⓒ) + (ⓛ~㉣) − (㉠~㉣)

8 ⓛ에서 ⓒ까지의 거리는 몇 m인지 구하세요.

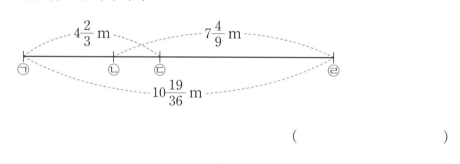

( )

겹쳐진 부분 2군데 길이의 합을 먼저 구해야 해요.

9 길이가 $2\frac{4}{5}$ m인 색 테이프 3장을 일정한 길이만큼씩 겹치게 한 줄로 이어 붙였더니 이어 붙인

색 테이프의 전체 길이가 $7\frac{11}{15}$ m가 되었습니다. 몇 m씩 겹치게 이어 붙였는지 구하세요.

( )

단위분수의 합 또는 차로 나타내기

A 분수를 단위분수의 합으로 나타내기

B

1 $\dfrac{7}{10}$ 을 서로 다른 두 단위분수의 합으로 나타내세요.

$$\dfrac{7}{10} = \dfrac{1}{\square} + \dfrac{1}{\square}$$

문제해결

❶ 분모 10의 약수 모두 구하기 ?

❷ 분자 7을 ❶에서 구한 10의 약수 중에서 두 수를 골라 합으로 나타내기

❸ $\dfrac{7}{10}$ 을 서로 다른 두 단위분수의 합으로 나타내기

$$\dfrac{7}{10} = \dfrac{\boxed{} + \boxed{}}{10} = \dfrac{\boxed{}}{10} + \dfrac{\boxed{}}{10} = \dfrac{1}{\boxed{}} + \dfrac{1}{\boxed{}}$$

> **비법** 분자가 분모의 약수이면 단위분수가 돼!
>
> 분수에서 $\dfrac{2}{10}$, $\dfrac{5}{10}$ 등과 같이 분자가 분모의 약수이면 약분하여 단위분수로 나타낼 수 있어요.
>
> 예 $\underset{5}{\dfrac{\cancel{2}}{10}} = \dfrac{1}{5}$, $\underset{2}{\dfrac{\cancel{5}}{10}} = \dfrac{1}{2}$

2 $\dfrac{13}{40}$ 을 서로 다른 두 단위분수의 합으로 나타내세요.

$$\dfrac{13}{40} = \dfrac{1}{\square} + \dfrac{1}{\square}$$

3 $\dfrac{4}{7}$ 를 서로 다른 두 단위분수의 합으로 나타내세요.

$$\dfrac{4}{7} = \dfrac{1}{\square} + \dfrac{1}{\square}$$

> $\dfrac{4}{7}$ 에서 분모 7의 약수 1, 7의 합으로 분자 4를 만들 수 없으므로 $\dfrac{4}{7}$ 와 크기가 같은 분수를 찾아서 해결해요.

A	**B** 분수를 단위분수의 차로 나타내기

4 $\dfrac{5}{24}$ 를 서로 다른 두 단위분수의 차로 나타내세요. (단, 두 단위분수의 분모는 24보다 작습니다.)

$$\frac{5}{24} = \frac{1}{\square} - \frac{1}{\square}$$

문제해결

❶ 분모 24의 약수 모두 구하기

❷ 분자 5를 ❶에서 구한 24의 약수 중에서 두 수를 골라 차로 나타내기

❸ $\dfrac{5}{24}$ 를 서로 다른 두 단위분수의 차로 나타내기 ☺?

비법 문제의 조건을 모두 이용해!

" 두 단위분수의 분모는 24보다 작습니다."

⇨ $\dfrac{5}{24}$ 를 서로 다른 두 단위분수의 차로 나타내었을 때 단위분수의 분모가 24보다 모두 작은 경우만 답이에요.

5 $\dfrac{3}{10}$ 을 서로 다른 두 단위분수의 차로 나타내세요.

$$\frac{3}{10} = \frac{1}{\square} - \frac{1}{\square}$$

6 $\dfrac{5}{36}$ 를 서로 다른 두 단위분수의 차로 나타내세요. (단, 두 단위분수의 분모는 36보다 작습니다.)

$$\frac{5}{36} = \frac{1}{\square} - \frac{1}{\square}$$

모르는 수 구하기

A □ 안에 알맞은 수 구하기

A+   A++

1 ■에 알맞은 분수를 구하세요.

$$1\frac{1}{6}-\frac{1}{2}+\blacksquare=2\frac{3}{8}$$

문제해결

❶ $1\frac{1}{6}-\frac{1}{2}$ 을 계산하여 식을 간단하게 하기 ?

$$1\frac{1}{6}-\frac{1}{2}+\blacksquare=2\frac{3}{8}\ \Rightarrow\ \boxed{}+\blacksquare=2\frac{3}{8}$$

❷ ■에 알맞은 분수를 구하기

비법
계산할 수 있는 것 먼저 계산해!

$1\frac{1}{6}-\frac{1}{2}$ 을 먼저 계산하여 식을
간단히 정리해요.

먼저 계산

$$1\frac{1}{6}-\frac{1}{2}+\blacksquare=2\frac{3}{8}$$

$\Rightarrow$ (분수) $+\blacksquare=2\frac{3}{8}$

답 (   )

2 □ 안에 알맞은 분수를 구하세요.

$$\frac{2}{3}+1\frac{4}{27}+\boxed{}=3\frac{7}{9}$$

(   )

3 □ 안에 알맞은 분수를 구하세요.

$$4\frac{2}{3}-\boxed{}+\frac{1}{4}=2$$

(   )

A+ 어떤 수를 구하여 바르게 계산하기

A   A++

4 어떤 수에서 $1\frac{13}{16}$을 빼야 할 것을 잘못하여 더했더니 $4\frac{1}{6}$이 되었습니다.
바르게 계산한 값을 구하세요.

문제해결

❶ 어떤 수를 ■라고 하여 잘못 계산한 식 완성하기 ?

잘못 계산한 식: ■ (+ , −) $1\frac{13}{16}$ = $4\frac{1}{6}$

❷ ❶의 식을 계산하여 어떤 수 ■를 구하기

❸ 바르게 계산한 값 구하기 ?

답 (   )

비법 문장을 식으로 나타내!

잘못 계산한 식 " 어떤 수에서 $1\frac{13}{16}$을 빼야 할 것을 잘못하여 더했더니 $4\frac{1}{6}$이 되었습니다."

⇨ ■ + $1\frac{13}{16}$ = $4\frac{1}{6}$

바르게 계산하기 " 어떤 수에서 $1\frac{13}{16}$을 빼야 할 것을 잘못하여 더했더니 $4\frac{1}{6}$이 되었습니다."

⇨ ■ − $1\frac{13}{16}$

5 어떤 수에 $\frac{4}{11}$를 더해야 할 것을 잘못하여 뺐더니 $\frac{7}{10}$이 되었습니다. 바르게 계산한 값을 구하세요.

(   )

6 $\frac{2}{3}$에서 어떤 수를 빼야 할 것을 잘못하여 더했더니 $1\frac{1}{15}$이 되었습니다. 바르게 계산한 값을 구하세요.

(   )

A	A+

A++ 처음의 양 구하기

7 ㉮ 병과 ㉯ 병에 주스가 각각 들어 있습니다.
$\frac{7}{9}$ L의 주스가 들어 있는 ㉮ 병에서 $\frac{1}{8}$ L의 주스를 ㉯ 병으로 옮겨 담았더니
두 병에 들어 있는 주스의 양이 같아졌습니다.
처음 ㉯ 병에 들어 있던 주스는 몇 L인지 구하세요.

문제해결

❶ 처음 ㉯ 병에 들어 있던 주스의 양을 ■ L라고 하여 식 완성하기

$$\frac{7}{9} (+ , -) \frac{1}{8} = ■ (+ , -) \frac{1}{8}$$

❷ ❶의 식을 계산하여 ■를 구하기

❸ 처음 ㉯ 병에 들어 있던 주스의 양 구하기

답 (   )

비법 같은 양이 줄고 늘어서 같아져!

㉮ 병은 $\frac{1}{8}$ L만큼 줄고, ㉯ 병은 $\frac{1}{8}$ L만큼 늘어나서 두 병에 들어 있는 주스의 양이 같아졌어요.

> (처음 ㉮ 병의 주스 양) $-\frac{1}{8}$
> $=$(처음 ㉯ 병의 주스 양) $+\frac{1}{8}$

8 ㉮ 병과 ㉯ 병에 우유가 각각 들어 있습니다. $\frac{11}{12}$ L의 우유가 들어 있는 ㉯ 병에서 $\frac{1}{4}$ L의 우유를 ㉮ 병으로 옮겨 담았더니 두 병에 들어 있는 우유의 양이 같아졌습니다. 처음 ㉮ 병에 들어 있던 우유는 몇 L인지 구하세요.

(   )

9 ㉮ 병과 ㉯ 병에 음료수가 각각 들어 있습니다. $4\frac{8}{15}$ L의 음료수가 들어 있는 ㉮ 병에서 $1\frac{7}{10}$ L의 음료수를 ㉯ 병으로 옮겨 담았더니 두 병에 들어 있는 음료수의 양이 같아졌습니다. 처음 ㉯ 병에 들어 있던 음료수는 몇 L인지 구하세요.

(   )

조건에 맞는 분자의 범위 구하기

A 분수의 계산을 하여 분자의 크기 비교하기

A+

1 ■에 들어갈 수 있는 자연수를 모두 구하세요.

$$\frac{4}{9}+\frac{1}{3} > \frac{\blacksquare}{7}$$

문제해결

❶ $\frac{4}{9}+\frac{1}{3}$ 을 계산하기

❷ ❶에서 계산한 값과 $\frac{\blacksquare}{7}$ 를 통분하여 분자의 크기 비교의 식으로 나타내기 😊?

$$\frac{4}{9}+\frac{1}{3} > \frac{\blacksquare}{7} \Rightarrow \boxed{} > \blacksquare \times \boxed{9}$$

❸ ❷에서 분자의 크기를 비교하여 ■에 들어갈 수 있는 자연수 모두 구하기

비법 분모를 통분하여 분자끼리 비교해!

분자에 ■가 있을 때도 통분한 두 분수의 크기는 분자끼리 비교해요.

(예) $\frac{3}{5} > \frac{\blacksquare}{4} \Rightarrow \frac{12}{20} > \frac{\blacksquare \times 5}{20}$

$\Rightarrow 12 > \blacksquare \times 5$

답 (   )

2 ☐ 안에 들어갈 수 있는 자연수를 모두 구하세요.

$$\frac{3}{8}+\frac{11}{20} > \frac{\square}{5}$$

(   )

3 ☐ 안에 들어갈 수 있는 자연수 중에서 가장 작은 수를 구하세요. (단, $\frac{\square}{3}$ 는 가분수입니다.)

$$5\frac{1}{5}-2\frac{3}{4} < \frac{\square}{3}$$

(   )

A+ □가 있는 분수를 통분하여 분자의 크기 비교하기

4 ■에 들어갈 수 있는 자연수를 모두 구하세요.

$$\frac{1}{6} + 2\frac{\blacksquare}{8} < 3$$

문제해결

① $2\frac{\blacksquare}{8}$를 분모가 24인 가분수로 나타내기 😵❓

$$2\frac{\blacksquare}{8} = 2\frac{\blacksquare \times 3}{24} = \frac{\boxed{} + \blacksquare \times 3}{24}$$

② $\frac{1}{6} + 2\frac{\blacksquare}{8}$와 3을 분모가 24인 분수로 통분하여 분자의 크기 비교의 식으로 나타내기

$$\frac{1}{6} + 2\frac{\blacksquare}{8} < 3 \Rightarrow \boxed{} + \blacksquare \times 3 < \boxed{72}$$

③ ②에서 분자의 크기를 비교하여 ■에 들어갈 수 있는 자연수 모두 구하기

답 (   )

비법 $2\frac{\blacksquare}{8}$를
분모가 24인 가분수로!

· $2\frac{\blacksquare}{8}$의 분모를 24로 만들기:

분모와 분자에 3을 곱하여
분모를 24로 만들어요.

$$2\frac{\blacksquare}{8} = 2\frac{\blacksquare \times 3}{8 \times 3} = 2\frac{\blacksquare \times 3}{24}$$

· $2\frac{\blacksquare \times 3}{24}$을 가분수로 나타내기:

가분수의 분자는 2와 24를 곱하여
■×3을 더해요.

$$2\frac{\blacksquare \times 3}{24} = \frac{2 \times 24 + \blacksquare \times 3}{24}$$

---

5 □ 안에 들어갈 수 있는 자연수를 모두 구하세요.

$$\frac{9}{10} + \frac{\square}{7} < 1\frac{5}{14}$$

(   )

6 □ 안에 들어갈 수 있는 자연수 중에서 가장 큰 수를 구하세요.

$$2\frac{\square}{9} - \frac{31}{36} < 2$$

(   )

수 카드로 만든 대분수의 합 또는 차 구하기

A **가장 큰 수와 가장 작은 수를 만들어 합(차) 구하기**

B

1 4장의 수 카드 중에서 3장을 골라 한 번씩만 사용하여 만들 수 있는
가장 큰 대분수와 가장 작은 대분수의 합을 구하세요.

| 2 | 5 | 7 | 9 |

문제해결

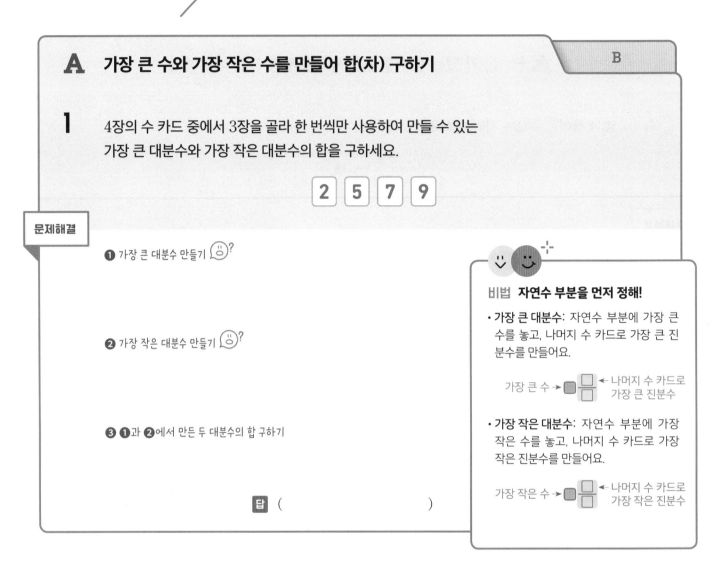

❶ 가장 큰 대분수 만들기 ☺?

❷ 가장 작은 대분수 만들기 ☺?

❸ ❶과 ❷에서 만든 두 대분수의 합 구하기

비법 **자연수 부분을 먼저 정해!**

• **가장 큰 대분수**: 자연수 부분에 가장 큰
수를 놓고, 나머지 수 카드로 가장 큰 진
분수를 만들어요.

• **가장 작은 대분수**: 자연수 부분에 가장
작은 수를 놓고, 나머지 수 카드로 가장
작은 진분수를 만들어요.

답 ( )

2 4장의 수 카드 중에서 3장을 골라 한 번씩만 사용하여 만들 수 있는 가장 큰 대분수와 가장 작은
대분수의 합을 구하세요.

| 1 | 3 | 5 | 7 |

( )

3 4장의 수 카드 중에서 3장을 골라 한 번씩만 사용하여 만들 수 있는 가장 큰 대분수와 가장 작은
대분수의 차를 구하세요.

| 3 | 4 | 6 | 8 |

( )

| A | **B** 차(합)가 가장 큰 뺄셈식(덧셈식) 만들기 |

4 6장의 수 카드를 한 번씩 모두 사용하여 대분수를 2개 만들었습니다.
두 대분수의 차가 가장 크게 될 때의 값을 구하세요.

$$\boxed{1}\ \boxed{3}\ \boxed{5}\ \boxed{7}\ \boxed{8}\ \boxed{9}$$

문제해결

❶ 두 대분수의 차가 가장 크게 될 때 자연수 부분에 알맞은 수를 써넣기 😊?

$$\boxed{}\dfrac{\blacksquare}{} - \boxed{}\dfrac{\bigstar}{\blacktriangle}$$

❷ ❶에서 사용하고 남은 수 카드로 만든 두 진분수의 차 모두 구하기

$$\dfrac{7}{8} - \dfrac{3}{5} = \dfrac{11}{40}, \quad \dfrac{5}{8} - \dfrac{\boxed{}}{\boxed{}} = \boxed{}, \quad \dfrac{\boxed{}}{\boxed{}} - \dfrac{3}{8} = \boxed{}$$

❸ 두 대분수의 차가 가장 크게 될 때의 값 구하기

비법 자연수 부분을 먼저 정해!

두 대분수의 차가 가장 크게 되려면
• **자연수 부분**: 수 카드 중에서 가장 큰 수와 가장 작은 수의 차 만들기
• **분수 부분**: 나머지 수 카드로 두 진분수의 차가 가장 크게 만들기

(가장 큰 수) — (가장 작은 수)

$$\boxed{}\dfrac{\boxed{}}{\boxed{}} - \boxed{}\dfrac{\boxed{}}{\boxed{}}$$

나머지 수 카드로 차가 가장 크게

답 (   )

5 6장의 수 카드를 한 번씩 모두 사용하여 대분수를 2개 만들었습니다. 두 대분수의 차가 가장 크게 될 때의 값을 구하세요.

$$\boxed{2}\ \boxed{3}\ \boxed{4}\ \boxed{5}\ \boxed{6}\ \boxed{8}$$

(   )

6 6장의 수 카드를 한 번씩 모두 사용하여 대분수를 2개 만들었습니다. 두 대분수의 합이 가장 크게 될 때의 값을 구하세요.

$$\boxed{1}\ \boxed{2}\ \boxed{3}\ \boxed{4}\ \boxed{5}\ \boxed{6}$$

(   )

도형에서 분수의 덧셈과 뺄셈의 활용

A 직사각형에서 길이 구하기 A+

1 세로가 $2\frac{1}{3}$ m이고 네 변의 길이의 합이 $8\frac{2}{9}$ m인

직사각형의 가로는 몇 m인지 구하세요.

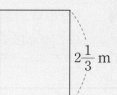

$2\frac{1}{3}$ m

문제해결

❶ 직사각형에서 네 변의 길이의 합을 구하는 식 완성하기

(네 변의 길이의 합) = (가로) + (세로) + (⬚) + (⬚)

❷ 직사각형에서 가로와 세로의 합 구하기 ?

❸ 직사각형에서 가로 구하기

답 (   )

비법 똑같은 분수를 2번 더하여 나타내!

• 분모가 같은 진분수의 덧셈은 분자끼리 더해요.

• 분모가 같은 대분수의 덧셈은 자연수는 자연수끼리, 분수는 분수끼리 더해요.

예 똑같은 분수를 2번 더하여 나타내기

$\dfrac{2}{9} = \dfrac{1}{9} + \dfrac{1}{9}$, $\dfrac{4}{9} = \dfrac{2}{9} + \dfrac{2}{9}$

$4\dfrac{8}{9} = 2\dfrac{4}{9} + 2\dfrac{4}{9}$

$7\dfrac{1}{9} = 6\dfrac{10}{9} = 3\dfrac{5}{9} + 3\dfrac{5}{9}$

2 가로가 $2\frac{3}{5}$ m이고 네 변의 길이의 합이 $12\frac{8}{15}$ m인 직사각형의 세로는 몇 m 인지 구하세요.

$2\frac{3}{5}$ m

(   )

3 세로가 $1\frac{1}{7}$ m이고 네 변의 길이의 합이 $6\frac{24}{35}$ m인 직사각형의 가로는 몇 m인지 구하세요.

$1\frac{1}{7}$ m

(   )

A

A+ 이등변삼각형에서 길이 구하기

4 한 변의 길이가 $2\frac{5}{6}$ m이고 세 변의 길이의 합이 $9\frac{1}{2}$ m인 이등변삼각형에서 ■에 알맞은 대분수를 구하세요.

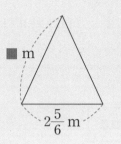

문제해결

❶ 이등변삼각형에서 세 변의 길이의 합을 구하는 식 완성하기 😀 ?

$$■ + ■ + \boxed{} = 9\frac{1}{2}$$

❷ ❶의 식에서 ■+■는 얼마인지 계산하기

❸ ■에 알맞은 대분수 구하기

답 (   )

비법 길이가 같은 두 변을 찾아!

이등변삼각형은 두 변의 길이가 같은 삼각형이므로 길이가 같은 두 변을 찾아요.

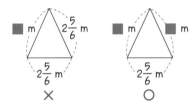

5 한 변의 길이가 $3\frac{3}{4}$ m이고 세 변의 길이의 합이 $8\frac{11}{20}$ m인 이등변삼각형에서 □ 안에 알맞은 대분수를 구하세요.

(   )

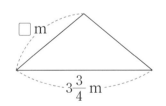

6 한 변의 길이가 $3\frac{1}{2}$ m이고 세 변의 길이의 합이 $12\frac{13}{14}$ m인 이등변삼각형에서 □ 안에 알맞은 대분수를 구하세요.

(   )

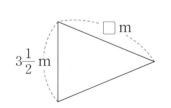

조건에 맞게 구하기

A 합과 차가 주어진 두 분수 구하기

B

1 합과 차가 다음과 같은 기약분수 ㉮, ㉯를 각각 구하세요.

$$㉮+㉯=\frac{13}{30}, \ ㉮-㉯=\frac{1}{10}$$

문제해결

❶ 주어진 두 식을 이용하여 ㉮+㉮ 구하기 😮?

$$㉮+㉯+㉮-㉯=\frac{13}{30}+\frac{1}{10} \ \Rightarrow \ ㉮+㉮= \boxed{}$$

❷ ❶의 식에서 ㉮ 구하기

❸ ㉮+㉯=$\frac{13}{30}$에 ❷에서 구한 ㉮를 이용하여 ㉯ 구하기

답 ㉮ (   ), ㉯ (   )

> **비법** **두 수 중에서 하나로만 표현되게 만들어!**
>
> 식에서 같은 수를 더하고 빼면 0이 되므로 ㉯를 더하고 빼면 ㉯가 없어져요.
>
> $$㉮+㉯+㉮-㉯=㉮+㉮+\cancel{㉯}-\cancel{㉯}$$
> $$=㉮+㉮이므로$$
>
> $$㉮+㉯=\frac{13}{30}, \ ㉮-㉯=\frac{1}{10}에서$$
>
> $$㉮+\cancel{㉯}+㉮-\cancel{㉯}=\frac{13}{30}+\frac{1}{10}$$
>
> $$\Rightarrow ㉮+㉮=\frac{13}{30}+\frac{1}{10}$$

2 합과 차가 다음과 같은 기약분수 ㉮, ㉯를 각각 구하세요.

$$㉮+㉯=\frac{3}{4}, \ ㉮-㉯=\frac{1}{20}$$

㉮ (   ), ㉯ (   )

3 합이 $\frac{17}{21}$이고 차가 $\frac{1}{3}$인 두 기약분수를 각각 구하세요.

(,   )

A

B 조건을 만족하는 세 분수의 합 구하기

4 다음을 만족하는 세 분수 ㉮, ㉯, ㉰의 합을 구하세요.

$$㉮ + ㉯ = \frac{7}{10}, \ ㉯ + ㉰ = \frac{13}{40}, \ ㉰ + ㉮ = \frac{5}{8}$$

문제해결

❶ 주어진 세 식을 이용하여 ㉮+㉯+㉯+㉰+㉰+㉮ 구하기

$$㉮ + ㉯ + ㉯ + ㉰ + ㉰ + ㉮ = \frac{7}{10} + \frac{13}{40} + \frac{5}{8}$$

$$\Rightarrow ㉮ + ㉯ + ㉰ + ㉮ + ㉯ + ㉰ = \frac{\boxed{}}{40}$$

❷ ㉮+㉯+㉰ 구하기

비법 ㉮+㉯+㉰의 순서로
표현되도록 만들어!

덧셈에서 계산 순서를 바꾸어
계산해도 계산 결과는 같아요.
㉮+㉯+㉯+㉰+㉰+㉮
=㉮+㉯+㉰+㉯+㉰+㉮
=㉮+㉯+㉰+㉮+㉯+㉰

답 (   )

5 다음을 만족하는 세 분수 ㉮, ㉯, ㉰의 합을 구하세요.

$$㉮ + ㉯ = \frac{12}{35}, \ ㉯ + ㉰ = \frac{17}{70}, \ ㉰ + ㉮ = \frac{3}{10}$$

(   )

6 다음을 만족하는 세 분수 ㉮, ㉯, ㉰의 합을 구하세요.

$$㉮ + ㉯ = \frac{3}{4}, \ ㉯ + ㉰ = \frac{11}{28}, \ ㉰ + ㉮ = \frac{9}{14}$$

(   )

실생활에서 분수의 덧셈과 뺄셈의 활용

A 분수를 이용하여 시간 구하기   B C

1 채원이네 가족은 할머니 댁에 가는데 $3\frac{2}{5}$시간 동안 기차를 타고,

$\frac{5}{6}$시간 동안 버스를 탄 다음 30분 동안 걸어서 갔습니다.

채원이네 가족이 할머니 댁에 가는 데 걸린 시간은 모두 몇 시간인지 분수로 나타내세요.

문제해결

❶ 30분은 몇 시간인지 분수로 나타내기 ?

❷ 할머니 댁에 가는 데 걸린 시간은 모두 몇 시간인지 분수로 나타내기

비법 '30분'은 '몇 시간'인지 분수로 나타내!

분을 시간으로 나타낼 때는 분모가 60인 분수로 나타내요.

1시간 = 60분 ⇨ 1분 = $\frac{1}{60}$시간

●분 = $\frac{●}{60}$시간

예 10분 = $\frac{10}{60}$시간 = $\frac{1}{6}$시간

20분 = $\frac{20}{60}$시간 = $\frac{1}{3}$시간

답 (   )

2 승주는 $1\frac{7}{30}$시간 동안 피아노 연습을 한 다음 10분 동안 쉬고, $\frac{3}{4}$시간 동안 독서를 했습니다. 승주가 피아노 연습을 시작해서 독서를 끝마칠 때까지 걸린 시간은 모두 몇 시간인지 분수로 나타내세요.

(   )

3 통영행 버스가 출발하여 $1\frac{2}{3}$시간 동안 달린 다음 휴게소에서 15분 쉬고, 다시 $1\frac{9}{10}$시간을 더 달려 통영에 도착했습니다. 버스가 출발한 지 몇 시간 만에 통영에 도착했는지 분수로 나타내세요.

(   )

| A | **B** 빈 통의 무게 구하기 | C |

4 물이 가득 든 통의 무게는 $9\frac{4}{9}$ kg입니다.

이 통에 들어 있는 물의 반을 덜어 내고 무게를 재었더니 $5\frac{5}{12}$ kg이었습니다.

빈 통의 무게는 몇 kg인지 구하세요.

문제해결

❶ 물의 반의 무게를 구하는 식 완성하기

(물의 반의 무게)

= (물이 가득 든 통의 무게) − (물의 [ ]을 덜어 낸 후 통의 무게)

❷ 물의 반의 무게 구하기

❸ 빈 통의 무게 구하기

답 (   )

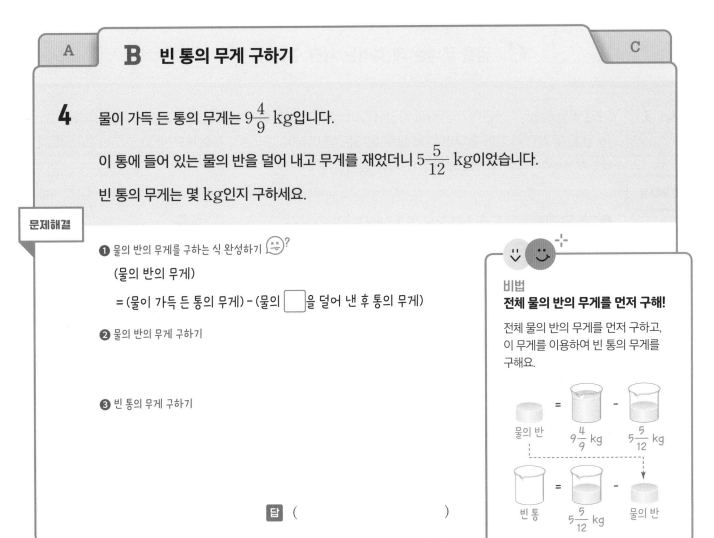

비법
전체 물의 반의 무게를 먼저 구해!
전체 물의 반의 무게를 먼저 구하고, 이 무게를 이용하여 빈 통의 무게를 구해요.

5 귤이 가득 든 상자의 무게는 $6\frac{2}{3}$ kg입니다. 이 상자에 들어 있는 귤의 반을 이웃집에 드리고 무게

를 재었더니 $4\frac{1}{8}$ kg이었습니다. 빈 상자의 무게는 몇 kg인지 구하세요.

(   )

6 주스가 가득 든 병의 무게는 $2\frac{1}{15}$ kg입니다. 이 병에 들어 있는 주스의 $\frac{1}{3}$ 만큼을 마시고 무게

를 재었더니 $1\frac{4}{5}$ kg이었습니다. 빈 병의 무게는 몇 kg인지 구하세요.

주스의 $\frac{1}{3}$의 무게를 구하여 3번 더하면 전체 주스의 무게가 돼요.

(   )

A B **C** 일을 끝내는 데 걸리는 시간 구하기

7 어떤 일을 하는 데 성원이가 혼자서 하면 4일이 걸리고, 나연이가 혼자서 하면 12일이 걸립니다. 이 일을 두 사람이 함께 한다면 일을 모두 끝내는 데 며칠이 걸리는지 구하세요.
(단, 두 사람이 하루에 하는 일의 양은 각각 일정합니다.)

문제해결

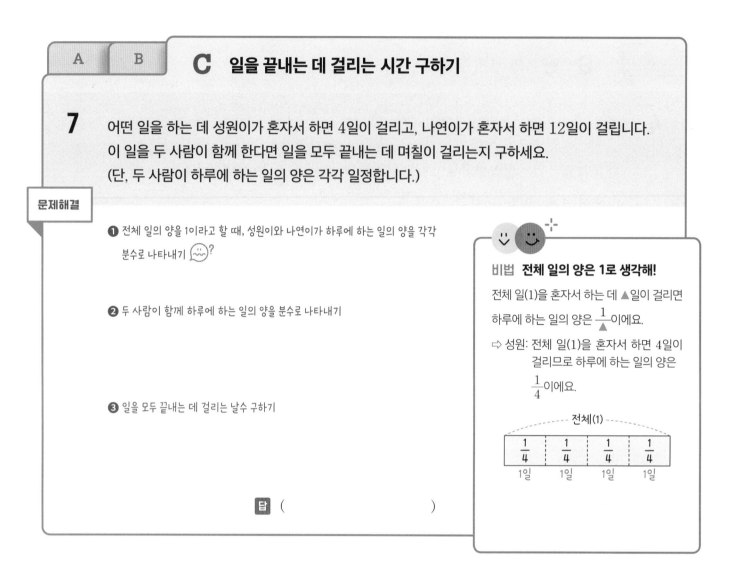

❶ 전체 일의 양을 1이라고 할 때, 성원이와 나연이가 하루에 하는 일의 양을 각각 분수로 나타내기 ?

❷ 두 사람이 함께 하루에 하는 일의 양을 분수로 나타내기

❸ 일을 모두 끝내는 데 걸리는 날수 구하기

답 ( )

비법 전체 일의 양은 1로 생각해!
전체 일(1)을 혼자서 하는 데 ▲일이 걸리면 하루에 하는 일의 양은 $\frac{1}{▲}$이에요.

⇨ 성원: 전체 일(1)을 혼자서 하면 4일이 걸리므로 하루에 하는 일의 양은 $\frac{1}{4}$이에요.

전체(1)

$\frac{1}{4}$	$\frac{1}{4}$	$\frac{1}{4}$	$\frac{1}{4}$
1일	1일	1일	1일

8 어떤 일을 하는 데 지수가 혼자서 하면 15일이 걸리고, 은솔이가 혼자서 하면 10일이 걸립니다. 이 일을 두 사람이 함께 한다면 일을 모두 끝내는 데 며칠이 걸리는지 구하세요. (단, 두 사람이 하루에 하는 일의 양은 각각 일정합니다.)

( )

9 어떤 일을 하는 데 예림이가 혼자서 하면 5일이 걸리고, 준우가 혼자서 하면 7일이 걸립니다. 이 일을 두 사람이 함께 한다면 일을 모두 끝내는 데 며칠이 걸리는지 구하세요. (단, 두 사람이 하루에 하는 일의 양은 각각 일정합니다.)

( )

01

🔗 유형 01 **B**

㉠에서 ㉣까지의 거리는 몇 km인지 구하세요.

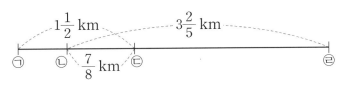

(   )

02

🔗 유형 06 **A**

가로가 $4\dfrac{1}{3}$ m이고 네 변의 길이의 합이 $14\dfrac{2}{9}$ m인 직사각형의 세로는 몇 m인지 구하세요.

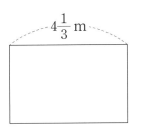

(   )

03

🔗 유형 03 **A+**

어떤 수에서 $\dfrac{3}{10}$ 을 빼야 할 것을 잘못하여 더했더니 $\dfrac{9}{14}$ 가 되었습니다. 바르게 계산한 값을 구하세요.

(   )

04

유형 04 A+

□ 안에 들어갈 수 있는 자연수 중에서 가장 작은 수를 구하세요.

$$1\frac{3}{8}+\frac{\square}{6}>2$$

(   )

05

유형 05 A

4장의 수 카드 중에서 3장을 골라 한 번씩만 사용하여 만들 수 있는 가장 큰 대분수와 가장 작은 대분수의 차를 구하세요.

| 1 | 2 | 6 | 9 |

(   )

06

유형 01 B+

길이가 같은 색 테이프 3장을 그림과 같이 $\frac{2}{3}$ m씩 겹치게 이어 붙였더니 이어 붙인 색 테이프의 전체 길이가 $4\frac{11}{12}$ m가 되었습니다. 색 테이프 한 장의 길이는 몇 m인지 구하세요.

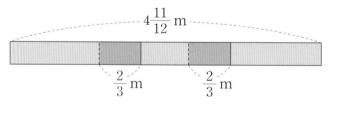

(   )

07

🔗 유형 02 Ⓐ

$\dfrac{11}{18}$을 서로 다른 세 단위분수의 합으로 나타내려고 합니다. ㉠, ㉡, ㉢을 각각 구하세요.
(단, ㉠ < ㉡ < ㉢입니다.)

$$\dfrac{11}{18} = \dfrac{1}{㉠} + \dfrac{1}{㉡} + \dfrac{1}{㉢}$$

㉠ (   ),   ㉡ (   ),   ㉢ (   )

08

🔗 유형 08 Ⓐ

긴 통나무를 똑같이 5도막으로 자르려고 합니다. 한 번 자르는 데 $2\dfrac{2}{3}$분이 걸리고, 한 번 자른 후에 $\dfrac{4}{5}$분씩 쉰다고 합니다. 이 통나무를 모두 자르는 데 걸리는 시간은 몇 분 몇 초인지 구하세요.

(   )

09

🔗 유형 08 Ⓒ

찬호와 대영이가 어떤 일을 하는 데 하루는 찬호가 전체의 $\dfrac{1}{6}$을 하고, 다음 날은 대영이가 전체의 $\dfrac{1}{4}$을 했습니다. 같은 방법으로 찬호와 대영이가 하루씩 번갈아 가며 일을 한다면 일을 모두 끝내는 데 며칠이 걸리는지 구하세요.

(   )

6

다각형의
둘레와 넓이

학습기록표

유형 01
학습일
학습평가

직각으로 이루어진 도형의 둘레, 넓이

A	도형의 둘레
B	도형의 넓이

유형 02
학습일
학습평가

직사각형, 정사각형의 둘레와 넓이

A	둘레 이용하여 넓이
B	나누어진 정사각형의 넓이
C	작은 정사각형 이용하여 넓이

유형 03
학습일
학습평가

복잡한 도형의 넓이

A	나누어진 도형
A+	도형 나누기
B	작은 도형 빼기
C	도형 모으기

유형 04
학습일
학습평가

삼각형의 넓이 이용하기

A	평행사변형의 넓이
B	사다리꼴의 넓이
C	사다리꼴에서 선분의 길이

유형 05
학습일
학습평가

두 도형을 붙이거나 겹쳐서 만든 도형

A	이어 붙여서 만든 도형 - 둘레
B	겹쳐 놓은 도형 - 넓이
C	겹쳐 놓은 도형 - 선분

유형 06
학습일
학습평가

도형의 길이 관계, 넓이 관계

A	마름모에서 넓이
B	길이가 같은 선분 이용
B+	보조선을 그어

유형 마스터
학습일
학습평가

다각형의 둘레와 넓이

직각으로 이루어진 도형의 둘레, 넓이

A 직각으로 이루어진 도형의 둘레 구하기   B

1 오른쪽 도형의 둘레는 몇 cm인지 구하세요.

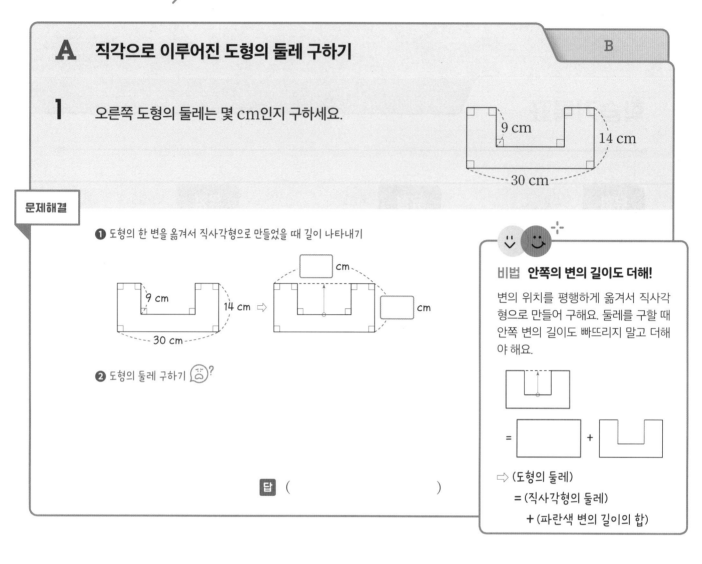

문제해결

❶ 도형의 한 변을 옮겨서 직사각형으로 만들었을 때 길이 나타내기

❷ 도형의 둘레 구하기 ?

답 (   )

비법 안쪽의 변의 길이도 더해!

변의 위치를 평행하게 옮겨서 직사각형으로 만들어 구해요. 둘레를 구할 때 안쪽 변의 길이도 빠뜨리지 말고 더해야 해요.

= +

⇨ (도형의 둘레)
  = (직사각형의 둘레)
  + (파란색 변의 길이의 합)

2 오른쪽 도형의 둘레는 몇 cm인지 구하세요.

(   )

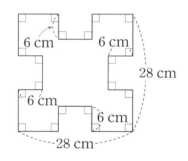

3 오른쪽 도형의 둘레는 몇 m인지 구하세요.

(   )

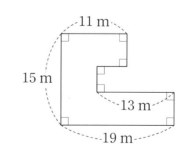

A | **B** **직각으로 이루어진 도형의 넓이 구하기**

4 오른쪽 도형의 넓이는 몇 cm²인지 구하세요.

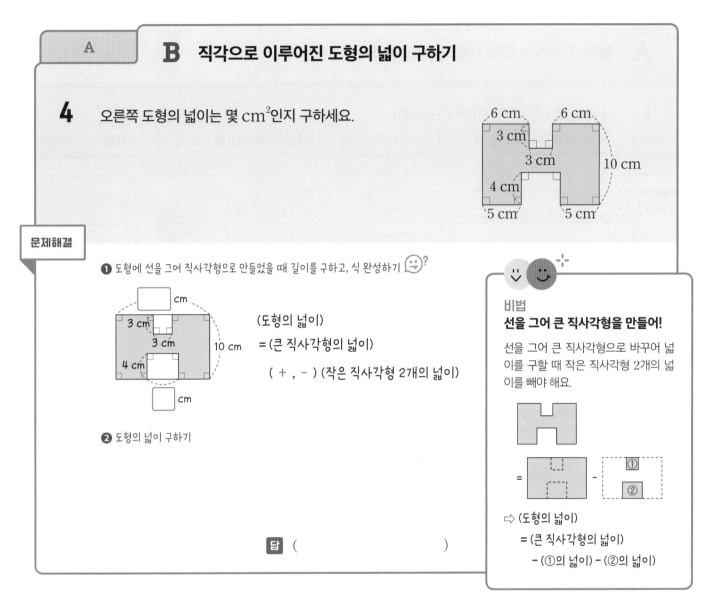

문제해결

❶ 도형에 선을 그어 직사각형으로 만들었을 때 길이를 구하고, 식 완성하기

(도형의 넓이)

= (큰 직사각형의 넓이)

(+ , −) (작은 직사각형 2개의 넓이)

❷ 도형의 넓이 구하기

답 (   )

비법
선을 그어 큰 직사각형을 만들어!

선을 그어 큰 직사각형으로 바꾸어 넓이를 구할 때 작은 직사각형 2개의 넓이를 빼야 해요.

⇨ (도형의 넓이)

= (큰 직사각형의 넓이)

　 − (①의 넓이) − (②의 넓이)

5 오른쪽 도형의 넓이는 몇 cm²인지 구하세요.

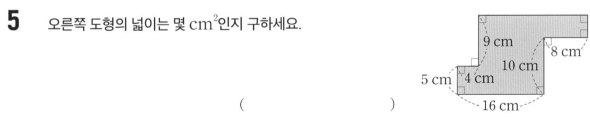

(   )

6 오른쪽 색칠한 부분의 넓이는 몇 m²인지 구하세요.

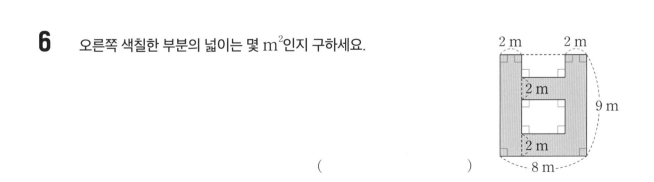

(   )

직사각형, 정사각형의 둘레와 넓이

A 둘레 이용하여 직사각형의 넓이 구하기

B C

1 둘레가 52 cm인 직사각형이 있습니다.
이 직사각형의 가로가 세로보다 12 cm 더 길 때 직사각형의 넓이는 몇 cm²인지 구하세요.

문제해결

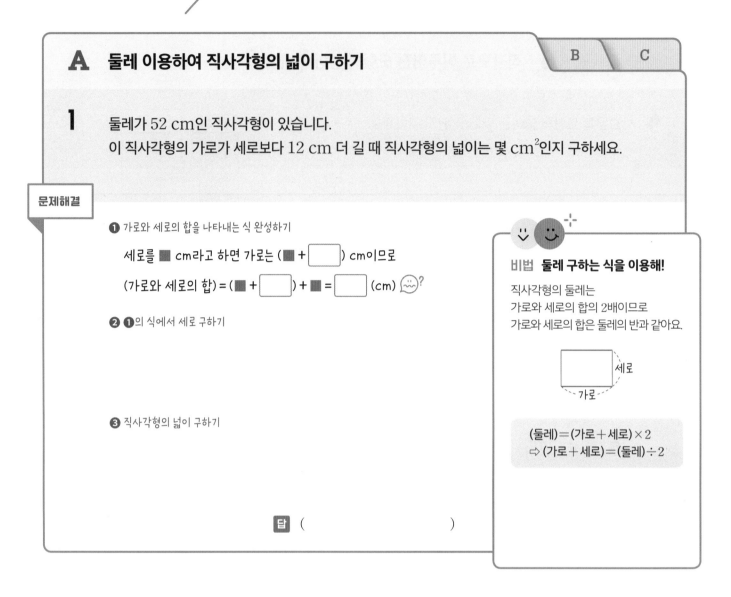

❶ 가로와 세로의 합을 나타내는 식 완성하기

세로를 ■ cm라고 하면 가로는 (■ + ☐) cm이므로

(가로와 세로의 합) = (■ + ☐) + ■ = ☐ (cm) ?

❷ ❶의 식에서 세로 구하기

❸ 직사각형의 넓이 구하기

답 (   )

비법 둘레 구하는 식을 이용해!

직사각형의 둘레는
가로와 세로의 합의 2배이므로
가로와 세로의 합은 둘레의 반과 같아요.

세로
가로

(둘레)=(가로+세로)×2
⇨ (가로+세로)=(둘레)÷2

2 둘레가 68 cm인 직사각형이 있습니다. 이 직사각형의 세로가 가로보다 8 cm 더 짧을 때 직사각형의 넓이는 몇 cm²인지 구하세요.

(   )

3 철사를 겹치지 않게 모두 사용하여 오른쪽과 같은 정육각형을 만들었다가 다시 펴서 겹치지 않게 모두 사용하여 가로가 세로의 2배인 직사각형을 만들었습니다. 만든 직사각형의 넓이는 몇 cm²인지 구하세요.

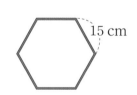

15 cm

(   )

| A | **B   직사각형으로 나눈 정사각형의 넓이 구하기** | C |

4 오른쪽은 정사각형을 똑같은 직사각형 4개로 나눈 것입니다.
가장 작은 직사각형 한 개의 둘레가 40 cm일 때,
정사각형의 넓이는 몇 cm²인지 구하세요.

문제해결

❶ 가로와 세로의 합을 나타내는 식 완성하기

가장 작은 직사각형의 가로를 ■ cm라고 하면 세로는 (■ × ☐) cm이므로

(가로와 세로의 합) = ■ + (■ × ☐) = ☐ (cm)

❷ ❶의 식을 계산하여 가장 작은 직사각형 한 개의 가로와 세로 구하기

❸ 정사각형의 넓이 구하기

비법
식을 간단히 정리해 봐!

■ × 4 = ■ + ■ + ■ + ■를
이용하여 식을 정리해요.

■ + ■ × 4 = 20
⇩
■ + ■ + ■ + ■ + ■ = 20
⇩
■ × 5 = 20

답 (   )

5 오른쪽은 정사각형을 똑같은 직사각형 5개로 나눈 것입니다. 가장 작은 직사
각형 한 개의 둘레가 24 cm일 때, 정사각형의 넓이는 몇 cm²인지 구하
세요.

(   )

6 오른쪽은 정사각형을 똑같은 직사각형 6개로 나눈 것입니다. 가장 작은 직사
각형 한 개의 둘레가 20 cm일 때, 정사각형의 넓이는 몇 cm²인지 구하
세요.

(   )

A	B	**C 정사각형으로 이루어진 도형의 넓이 구하기**

7 오른쪽 도형은 크기가 같은 정사각형 10개를
겹치지 않게 이어 붙인 것입니다.
이 도형의 둘레가 112 cm일 때, 전체 넓이는 몇 cm^2인지 구하세요.

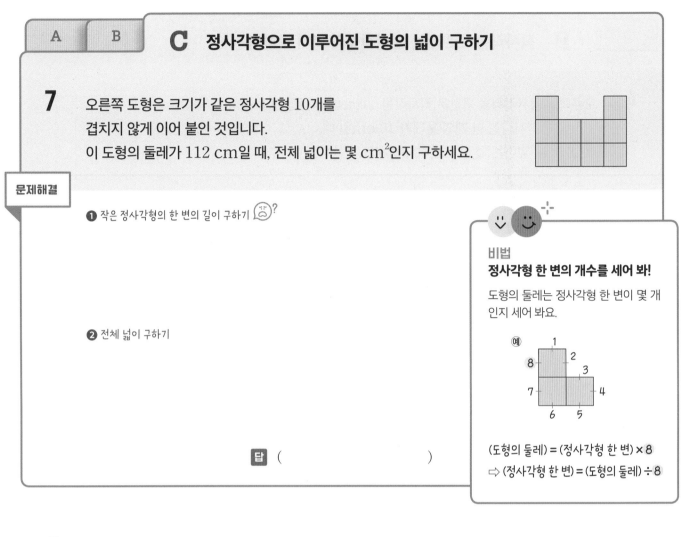

문제해결

❶ 작은 정사각형의 한 변의 길이 구하기

❷ 전체 넓이 구하기

답 (   )

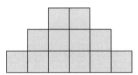

비법
정사각형 한 변의 개수를 세어 봐!

도형의 둘레는 정사각형 한 변이 몇 개
인지 세어 봐요.

예

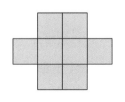

(도형의 둘레) = (정사각형 한 변) × 8
⇨ (정사각형 한 변) = (도형의 둘레) ÷ 8

8 오른쪽 도형은 크기가 같은 정사각형 12개를 겹치지 않게 이어 붙인
것입니다. 이 도형의 둘레가 90 cm일 때, 전체 넓이는 몇 cm^2인지
구하세요.

(   )

9 오른쪽 도형은 크기가 같은 정사각형 8개를 겹치지 않게 이어 붙인 것입니
다. 이 도형의 전체 넓이가 128 cm^2일 때, 도형의 둘레는 몇 cm인지 구
하세요.

(   )

복잡한 도형의 넓이

A 나누어진 도형의 넓이 구하기

A+ · B · C

1 오른쪽 도형의 넓이는 몇 cm²인지 구하세요.

문제해결

❶ 사다리꼴 ㄱㄴㄹㅁ의 넓이 구하기

❷ 삼각형 ㄴㄷㄹ의 넓이 구하기

❸ 도형의 넓이 구하기 😵?

답 (   )

비법 두 도형의 넓이의 합으로 구해!

나누어진 두 도형의 넓이의 합으로 도형 전체의 넓이를 구할 수 있어요.

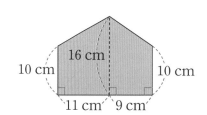

(도형의 넓이)
= (사다리꼴의 넓이) + (삼각형의 넓이)

2 오른쪽 도형의 넓이는 몇 cm²인지 구하세요.

(   )

3 오른쪽 색칠한 부분의 넓이는 몇 m²인지 구하세요.

(   )

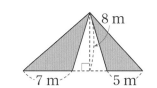

| A | A+ 도형을 나누어 넓이 구하기 | B | C |

4 오른쪽 사각형 ㄱㄴㄷㄹ의 넓이는 몇 cm²인지 구하세요.

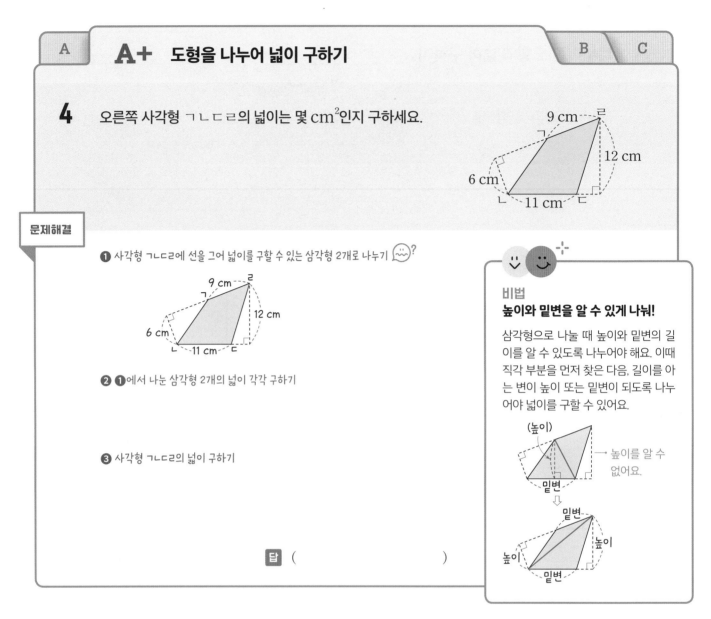

문제해결

❶ 사각형 ㄱㄴㄷㄹ에 선을 그어 넓이를 구할 수 있는 삼각형 2개로 나누기

❷ ❶에서 나눈 삼각형 2개의 넓이 각각 구하기

❸ 사각형 ㄱㄴㄷㄹ의 넓이 구하기

비법
높이와 밑변을 알 수 있게 나눠!

삼각형으로 나눌 때 높이와 밑변의 길이를 알 수 있도록 나누어야 해요. 이때 직각 부분을 먼저 찾은 다음, 길이를 아는 변이 높이 또는 밑변이 되도록 나누어야 넓이를 구할 수 있어요.

답 (   )

5 오른쪽 도형의 넓이는 몇 cm²인지 구하세요.

(   )

6 오른쪽 도형의 넓이는 몇 cm²인지 구하세요.

(   )

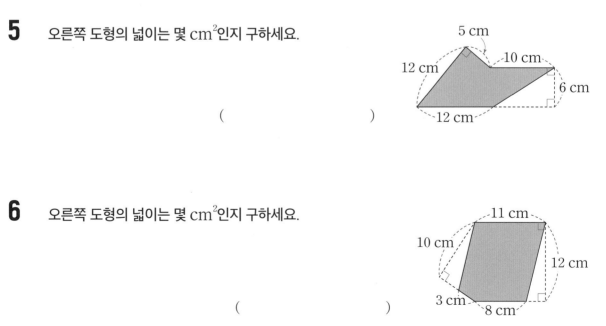

B 작은 도형을 빼서 넓이 구하기

7 오른쪽 도형의 넓이는 몇 cm^2인지 구하세요.

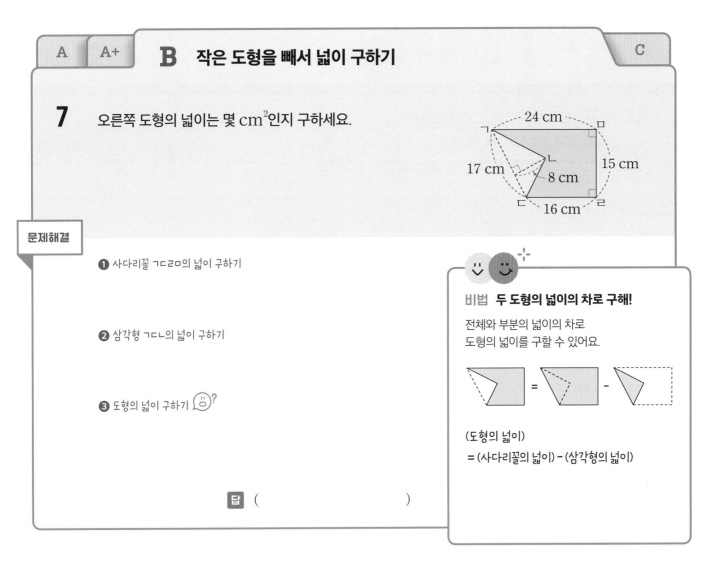

24 cm
17 cm
15 cm
8 cm
16 cm

문제해결

❶ 사다리꼴 ㄱㄷㄹㅁ의 넓이 구하기

❷ 삼각형 ㄱㄷㄴ의 넓이 구하기

❸ 도형의 넓이 구하기 😊?

비법 두 도형의 넓이의 차로 구해!

전체와 부분의 넓이의 차로
도형의 넓이를 구할 수 있어요.

(도형의 넓이)
= (사다리꼴의 넓이) − (삼각형의 넓이)

답 (   )

8 오른쪽 도형의 넓이는 몇 cm^2인지 구하세요.

(   )

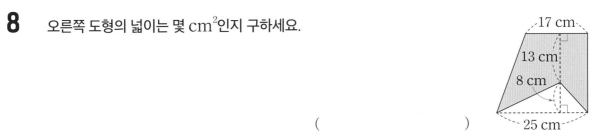

17 cm
13 cm
8 cm
25 cm

9 오른쪽은 큰 마름모 안에 작은 마름모를 그린 것입니다. 작은 마름모의 두 대각선의 길이는 각각 큰 마름모의 두 대각선의 길이의 반입니다. 색칠한 부분의 넓이는 몇 cm^2인지 구하세요.

(   )

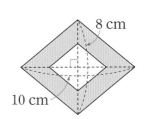

8 cm
10 cm

A   A+   B   **C 모아서 넓이 구하기**

10 오른쪽은 평행사변형 모양의 종이를
폭이 일정하게 잘라 낸 것입니다.
잘라 내고 남은 부분의 넓이는 몇 cm²인지 구하세요.

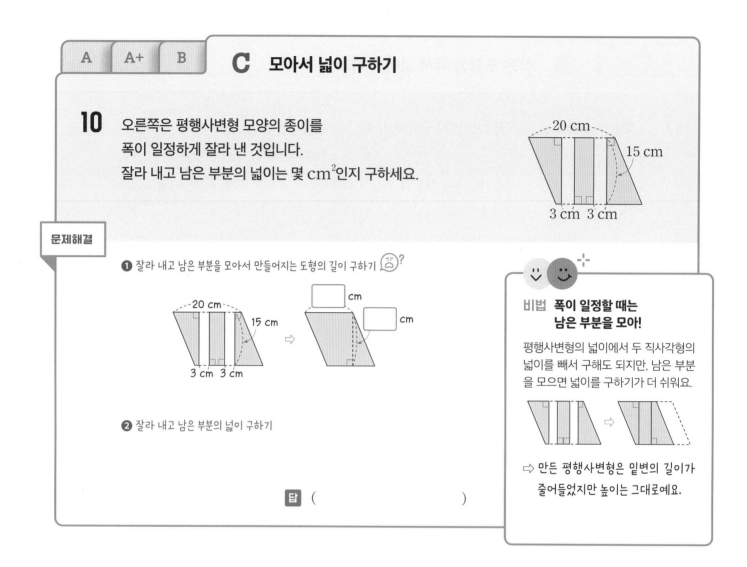

문제해결

❶ 잘라 내고 남은 부분을 모아서 만들어지는 도형의 길이 구하기 😞?

❷ 잘라 내고 남은 부분의 넓이 구하기

비법 **폭이 일정할 때는
남은 부분을 모아!**

평행사변형의 넓이에서 두 직사각형의
넓이를 빼서 구해도 되지만, 남은 부분
을 모으면 넓이를 구하기가 더 쉬워요.

⇨ 만든 평행사변형은 밑변의 길이가
줄어들었지만 높이는 그대로예요.

답 (   )

11 오른쪽과 같은 평행사변형 모양의 땅에 폭이 일정한 길을 만들었습니
다. 길을 제외한 땅의 넓이는 몇 m²인지 구하세요.

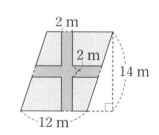

(   )

12 오른쪽은 직사각형 모양의 종이를 폭이 일정하게 잘라 낸 것
입니다. 잘라 내고 남은 부분의 넓이는 몇 cm²인지 구하세요.

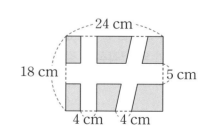

(   )

삼각형의 넓이 이용하기

A 높이 구하여 평행사변형의 넓이 구하기

B   C

1 오른쪽 도형에서 삼각형 ㄱㄴㅁ의 넓이는 30 cm²입니다.
평행사변형 ㄱㄴㄷㄹ의 넓이는 몇 cm²인지 구하세요.

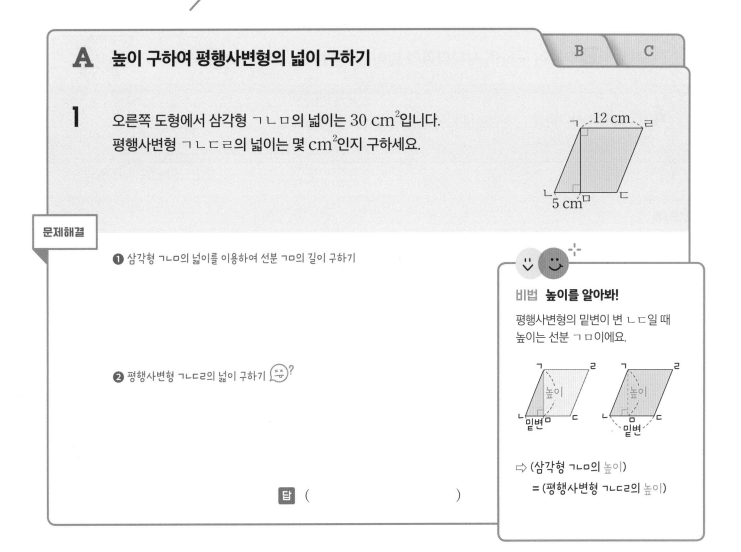

문제해결

❶ 삼각형 ㄱㄴㅁ의 넓이를 이용하여 선분 ㄱㅁ의 길이 구하기

비법 **높이를 알아봐!**
평행사변형의 밑변이 변 ㄴㄷ일 때
높이는 선분 ㄱㅁ이에요.

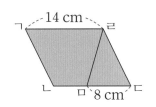

⇨ (삼각형 ㄱㄴㅁ의 높이)
   = (평행사변형 ㄱㄴㄷㄹ의 높이)

❷ 평행사변형 ㄱㄴㄷㄹ의 넓이 구하기

답 (   )

2 오른쪽 도형에서 삼각형 ㄹㅁㄷ의 넓이가 40 cm²일 때 평행사변형
ㄱㄴㄷㄹ의 넓이는 몇 cm²인지 구하세요.

(   )

3 오른쪽 도형에서 삼각형 ㄱㄴㅁ의 넓이가 35 cm²일 때 평행사
변형 ㄱㄴㄷㄹ의 넓이는 몇 cm²인지 구하세요.

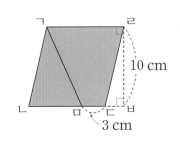

(   )

| A | **B** 높이 구하여 사다리꼴의 넓이 구하기 | C |

4 오른쪽 사다리꼴 ㄱㄴㄷㄹ의 넓이는 몇 cm²인지 구하세요.

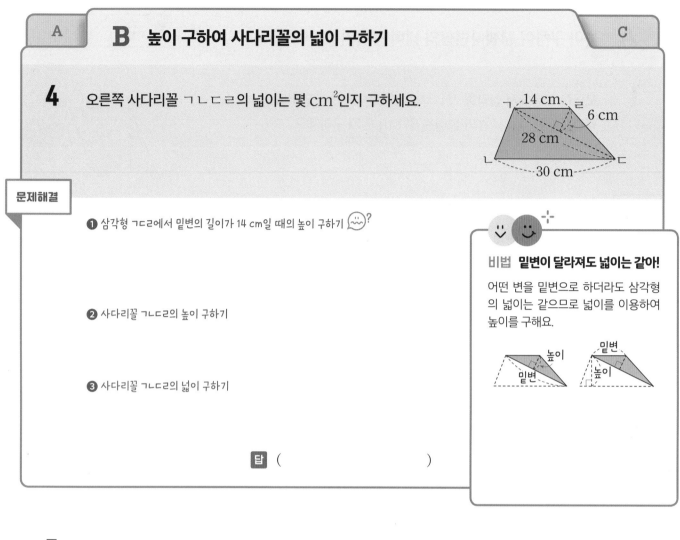

문제해결

❶ 삼각형 ㄱㄷㄹ에서 밑변의 길이가 14 cm일 때의 높이 구하기 ?

❷ 사다리꼴 ㄱㄴㄷㄹ의 높이 구하기

❸ 사다리꼴 ㄱㄴㄷㄹ의 넓이 구하기

비법 밑변이 달라져도 넓이는 같아!

어떤 변을 밑변으로 하더라도 삼각형의 넓이는 같으므로 넓이를 이용하여 높이를 구해요.

답 ( )

5 오른쪽 사다리꼴 ㄱㄴㄷㄹ의 넓이는 몇 cm²인지 구하세요.

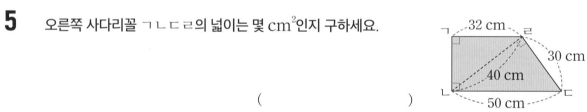

( )

6 오른쪽 사다리꼴 ㄱㄴㄷㄹ의 넓이는 몇 cm²인지 구하세요.

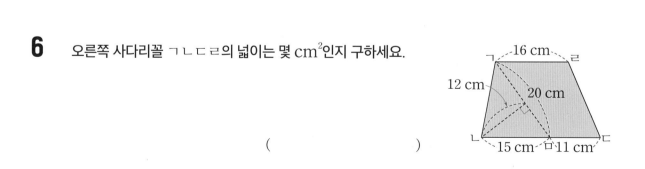

( )

A	B	**C** 넓이를 알 때 선분의 길이 구하기

7 오른쪽 도형에서 사다리꼴 ㄱㅁㄷㄹ의 넓이는
삼각형 ㄱㄴㅁ의 넓이의 5배입니다.
선분 ㅁㄷ의 길이는 몇 cm인지 구하세요.

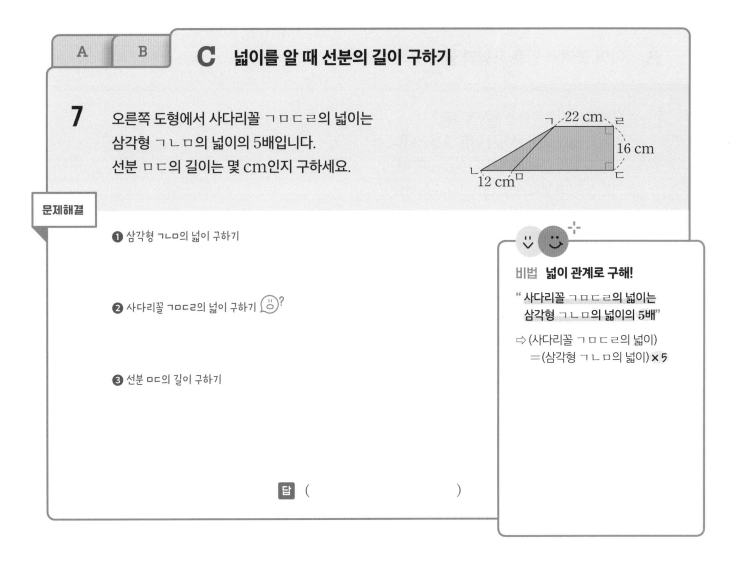

문제해결

❶ 삼각형 ㄱㄴㅁ의 넓이 구하기

❷ 사다리꼴 ㄱㅁㄷㄹ의 넓이 구하기 😊?

❸ 선분 ㅁㄷ의 길이 구하기

비법 넓이 관계로 구해!

" 사다리꼴 ㄱㅁㄷㄹ의 넓이는
 삼각형 ㄱㄴㅁ의 넓이의 **5배**"

⇨ (사다리꼴 ㄱㅁㄷㄹ의 넓이)
  =(삼각형 ㄱㄴㅁ의 넓이)**× 5**

답 (   )

---

8 오른쪽 도형에서 사다리꼴 ㄱㄴㄷㅁ의 넓이는 삼각형 ㅁㄷㄹ의
넓이의 3배입니다. 선분 ㄱㅁ의 길이는 몇 cm인지 구하세요.

(   )

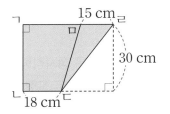

---

9 오른쪽 사다리꼴 ㄱㄴㄷㄹ에서 삼각형 ㄱㄴㅁ과 사각형 ㄱㅁ
ㄷㄹ의 넓이가 같을 때 선분 ㅁㄷ의 길이는 몇 cm인지 구하
세요.

(   )

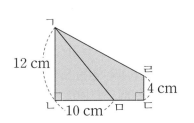

두 도형을 붙이거나 겹쳐서 만든 도형

A 이어 붙여서 만든 도형의 둘레 구하기

B C

1 오른쪽은 직사각형과 정사각형을 겹치지 않게 이어 붙여서 만든 도형입니다. 만든 도형의 전체 넓이가 119 cm²일 때 만든 도형의 둘레는 몇 cm인지 구하세요.

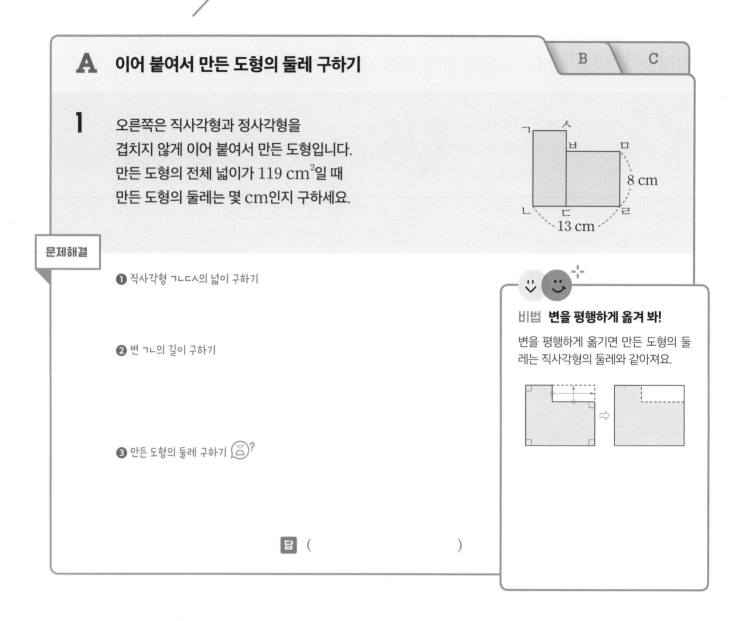

8 cm

13 cm

문제해결

❶ 직사각형 ㄱㄴㄷㅅ의 넓이 구하기

❷ 변 ㄱㄴ의 길이 구하기

❸ 만든 도형의 둘레 구하기 ☺?

비법 변을 평행하게 옮겨 봐!

변을 평행하게 옮기면 만든 도형의 둘레는 직사각형의 둘레와 같아져요.

답 (   )

2 오른쪽은 정사각형과 직사각형을 겹치지 않게 이어 붙여서 만든 도형입니다. 만든 도형의 전체 넓이가 156 cm²일 때 만든 도형의 둘레는 몇 cm인지 구하세요.

(   )

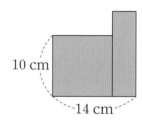

10 cm

14 cm

3 오른쪽은 크기가 다른 직사각형 2개를 겹치지 않게 이어 붙여서 만든 도형입니다. 만든 도형의 둘레가 46 cm이고 직사각형 ㉮의 넓이가 45 cm²일 때, 직사각형 ㉯의 넓이는 몇 cm²인지 구하세요.

(   )

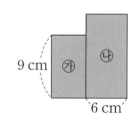

9 cm ㉮ ㉯

6 cm

B 겹쳐 놓은 도형의 넓이 구하기

4 오른쪽은 모양과 크기가 같은 직사각형 모양의 종이 2장을
겹쳐 놓은 것입니다.
겹쳐진 부분이 직사각형일 때
색칠한 부분의 넓이는 몇 cm^2인지 구하세요.

문제해결

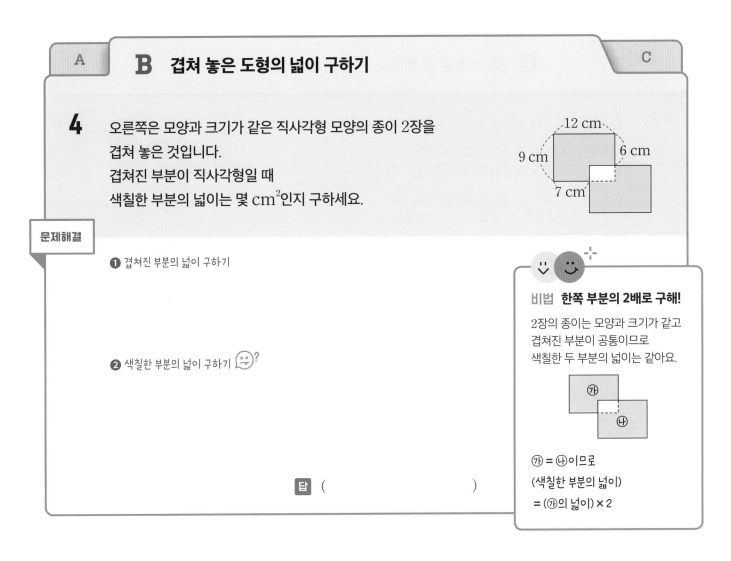

❶ 겹쳐진 부분의 넓이 구하기

❷ 색칠한 부분의 넓이 구하기

비법 한쪽 부분의 **2배**로 구해!

2장의 종이는 모양과 크기가 같고
겹쳐진 부분이 공통이므로
색칠한 두 부분의 넓이는 같아요.

㉮ = ㉯이므로
(색칠한 부분의 넓이)
= (㉮의 넓이) × 2

답 (   )

5 오른쪽은 크기가 같은 정사각형 모양의 종이 2장을 겹쳐 놓은 것입
니다. 겹쳐진 부분이 직사각형일 때 색칠한 부분의 넓이는 몇 cm^2
인지 구하세요.

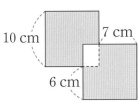

(   )

6 오른쪽은 크기가 다른 정사각형 2개를 겹쳐서 만든 도형입니다. 겹쳐
진 부분이 직사각형일 때 만든 도형의 전체 넓이는 몇 cm^2인지 구하
세요.

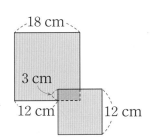

(   )

| A | B | **C** 겹쳐 놓은 도형에서 선분의 길이 구하기 |

7 오른쪽 도형에서 사각형 ㄱㄴㄷㄹ은 직사각형이고
사각형 ㅂㄴㄷㅁ은 평행사변형입니다.
색칠한 부분의 넓이가 324 cm²일 때
선분 ㄹㅅ의 길이는 몇 cm인지 구하세요.

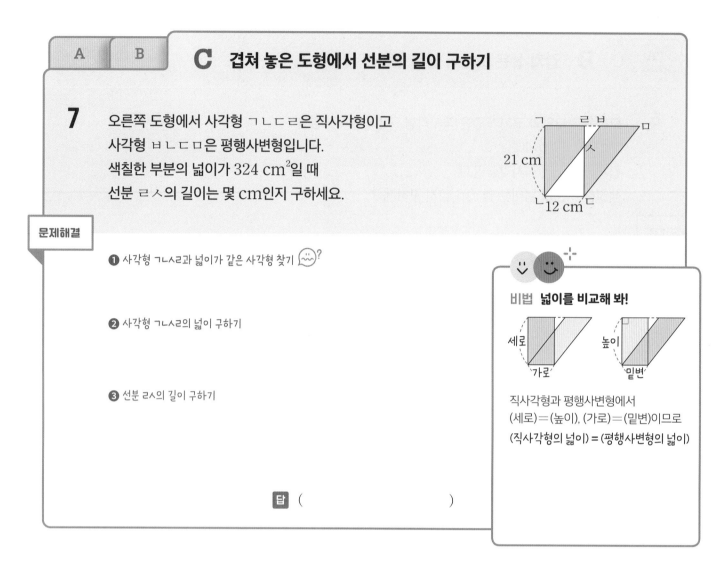

문제해결

❶ 사각형 ㄱㄴㅅㄹ과 넓이가 같은 사각형 찾기 🫥?

❷ 사각형 ㄱㄴㅅㄹ의 넓이 구하기

❸ 선분 ㄹㅅ의 길이 구하기

비법 넓이를 비교해 봐!

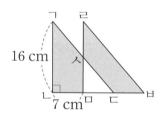

세로 / 가로   높이 / 밑변

직사각형과 평행사변형에서
(세로)=(높이), (가로)=(밑변)이므로
(직사각형의 넓이) = (평행사변형의 넓이)

답 (   )

8 오른쪽 도형에서 삼각형 ㄱㄴㄷ과 삼각형 ㄹㅁㅂ은 모양과 크기
가 같습니다. 색칠한 부분의 넓이가 168 cm²일 때 선분 ㅅㅁ의
길이는 몇 cm인지 구하세요.

(   )

9 오른쪽 도형에서 사각형 ㄱㄴㄷㅂ은 평행사변형이고 사각형 ㄹㅁㅁㅂ
은 직사각형입니다. 색칠한 부분의 넓이가 90 cm²일 때 선분 ㄱㅅ의
길이는 몇 cm인지 구하세요.

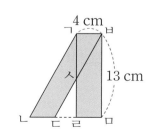

(   )

도형의 길이 관계, 넓이 관계

A 마름모에서 색칠한 부분의 넓이 구하기

B B+

1 오른쪽은 마름모 안에 네 변의 한가운데 점을 이어 직사각형을 그리고, 직사각형 안에 네 변의 한가운데 점을 이어 마름모를 그린 것입니다. 가장 큰 마름모의 두 대각선의 길이가 각각 20 cm, 14 cm일 때 색칠한 부분의 넓이는 몇 cm²인지 구하세요.

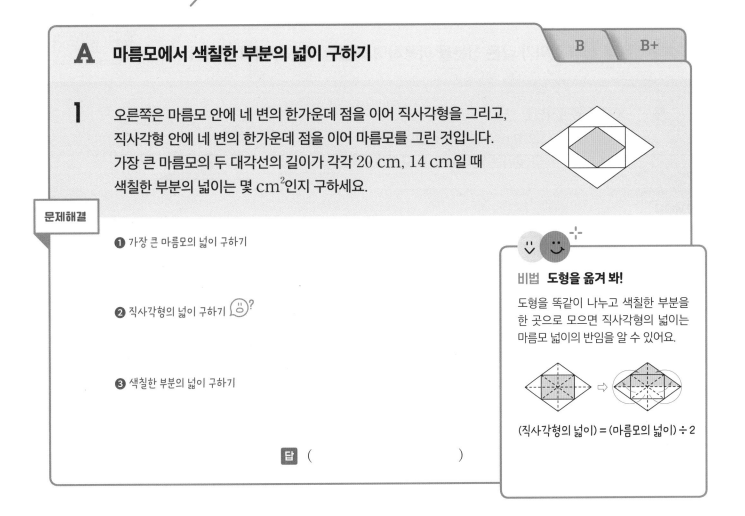

문제해결

❶ 가장 큰 마름모의 넓이 구하기

❷ 직사각형의 넓이 구하기

❸ 색칠한 부분의 넓이 구하기

답 (   )

비법 도형을 옮겨 봐!

도형을 똑같이 나누고 색칠한 부분을 한 곳으로 모으면 직사각형의 넓이는 마름모 넓이의 반임을 알 수 있어요.

(직사각형의 넓이) = (마름모의 넓이) ÷ 2

2 오른쪽은 한 변의 길이가 12 cm인 정사각형 안에 네 변의 한가운데 점을 이어 마름모를 2번 그린 것입니다. 색칠한 부분의 넓이는 몇 cm²인지 구하세요.

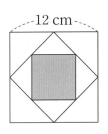

(   )

3 오른쪽은 지름이 20 cm인 원 안에 가장 큰 마름모를 그린 다음, 그린 마름모 안에 네 변의 한가운데 점을 이어 마름모를 2번 그린 것입니다. 색칠한 부분의 넓이는 몇 cm²인지 구하세요.

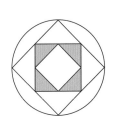

(   )

| A | **B** 길이가 같은 선분을 이용하여 색칠한 부분의 넓이 구하기 | B+ |

4 오른쪽 평행사변형 ㄱㄴㄷㄹ에서
선분 ㄱㅁ과 선분 ㅁㄴ의 길이가 같습니다.
삼각형 ㅁㄴㄷ의 넓이는 몇 cm²인지 구하세요.

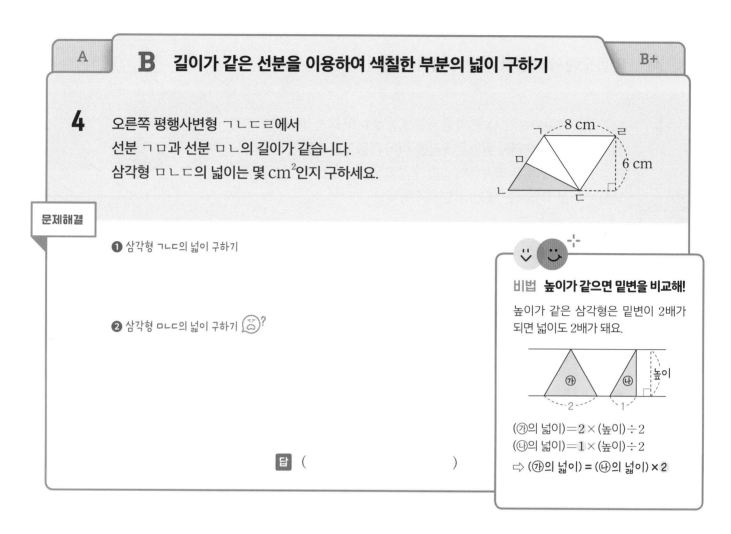

문제해결

❶ 삼각형 ㄱㄴㄷ의 넓이 구하기

❷ 삼각형 ㅁㄴㄷ의 넓이 구하기 🫤?

답 (   )

비법 높이가 같으면 밑변을 비교해!

높이가 같은 삼각형은 밑변이 2배가
되면 넓이도 2배가 돼요.

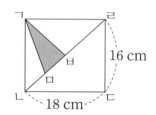

(㉮의 넓이)＝2×(높이)÷2
(㉯의 넓이)＝1×(높이)÷2
⇨ (㉮의 넓이) = (㉯의 넓이)×2

5 오른쪽 직사각형 ㄱㄴㄷㄹ에서 선분 ㄴㅂ과 선분 ㅂㄹ의 길이가 같고, 선분 ㄴㅁ과 선분 ㅁㅂ의 길이가 같습니다. 삼각형 ㄱㅁㅂ의 넓이는 몇 cm²인지 구하세요.

(   )

6 오른쪽 직사각형 ㄱㄴㄷㄹ에서 선분 ㄴㄹ의 길이는 선분 ㅁㅂ의 길이의 3배입니다. 삼각형 ㄱㅁㄷ의 넓이는 몇 cm²인지 구하세요.

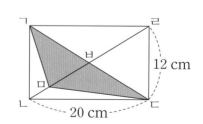

(   )

A	B

B+ **보조선을 그어 색칠한 부분의 넓이 구하기**

7 오른쪽 평행사변형 ㄱㄴㄷㄹ에서
점 ㅂ은 변 ㄱㄴ을 이등분하는 점이고,
점 ㅁ은 변 ㄴㄷ을 이등분하는 점입니다.
삼각형 ㄱㅂㅁ의 넓이는 몇 cm²인지 구하세요.

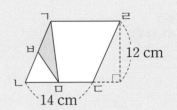

문제해결

❶ 위 도형에 변 ㄱㄴ과 평행하면서 점 ㅁ을 지나는 선분을 긋고
  변 ㄱㄹ과 만나는 점을 ㅅ이라고 하기

❷ 평행사변형 ㄱㄴㅁㅅ의 넓이 구하기

❸ 삼각형 ㄱㅂㅁ의 넓이 구하기

비법
넓이를 구할 수 있게 보조선을 그어!

선분을 그었을 때 만들어지는 사각형
이 평행사변형이 되도록 그어요.

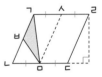

⇨ 평행사변형 ㄱㄴㅁㅅ의 넓이는
  평행사변형 ㄱㄴㄷㄹ의 넓이의
  반이에요.

답 (   )

8 오른쪽 평행사변형 ㄱㄴㄷㄹ의 넓이는 208 cm²입니다. 점 ㅁ은 변
ㄱㄴ을 이등분하는 점이고, 점 ㅂ은 변 ㄴㄷ을 이등분하는 점입니다.
삼각형 ㅁㅂㄷ의 넓이는 몇 cm²인지 구하세요.

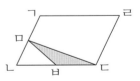

(   )

9 오른쪽 직사각형 ㄱㄴㄷㄹ의 넓이는 384 cm²입니다. 점 ㅁ은 변 ㄱㄴ
을 이등분하는 점이고, 선분 ㄴㄷ의 길이는 선분 ㅂㅅ의 길이의 3배입
니다. 삼각형 ㅁㅂㅅ의 넓이는 몇 cm²인지 구하세요.

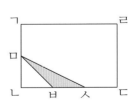

(   )

01 도형의 둘레는 몇 cm인지 구하세요.

🔗 유형 01 ⒶⒶ

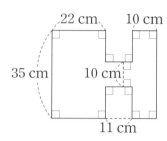

(   )

02 직사각형으로 이루어진 도형입니다. 색칠한 부분의 둘레와 넓이를 각각 구하세요.

🔗 유형 01 ⒶⒶ
유형 01 ⒷⒷ

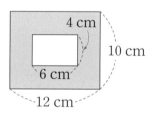

둘레 (   ), 넓이 (   )

03 오른쪽 도형에서 삼각형 ㅁㄴㄷ의 넓이가 216 cm²일 때 평행사변형 ㄱㄴㄷㄹ의 넓이는 몇 cm²인지 구하세요.

🔗 유형 04 ⒶⒶ

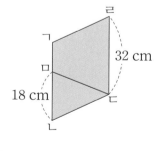

(   )

04

∞
유형 04 **C**

사다리꼴 ㄱㄴㄷㅂ의 넓이는 삼각형 ㅂㄷㅁ의 넓이의 3배입니다. 선분 ㅂㅁ의 길이는 몇 cm
인지 구하세요.

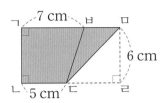

(   )

05

∞
유형 05 **B**

똑같은 마름모 2개를 겹쳐 놓은 것입니다. 색칠한 부분의 넓이는 몇 cm^{2}인지 구하세요.

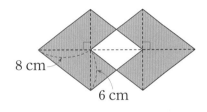

(   )

06

∞
유형 03 **A+**

도형의 넓이는 몇 cm^{2}인지 구하세요.

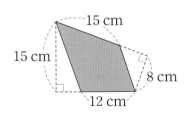

(   )

07

유형 05 **B**

오른쪽은 크기가 다른 정사각형 2개를 겹쳐서 만든 도형입니다. 겹쳐진 부분이 직사각형일 때 만든 도형의 전체 넓이는 몇 cm²인지 구하세요.

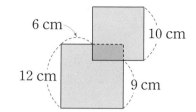

(   )

08

유형 03 **C**

직사각형 모양의 땅에 폭이 일정한 길을 만들었습니다. 길을 제외한 땅의 넓이가 198 m²일 때 □ 안에 알맞은 수를 구하세요.

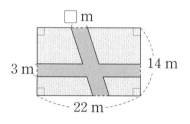

(   )

09

한 변의 길이가 각각 8 cm, 7 cm, 6 cm인 정사각형 3개를 겹치지 않게 이어 붙여 만든 도형입니다. 색칠한 부분의 넓이는 몇 cm²인지 구하세요.

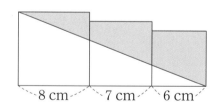

(   )

10

유형 05 C

오른쪽 도형에서 사각형 ㄱㄴㄷㄹ은 직사각형이고, 사각형 ㅁㄴㄷㅂ은 평행사변형입니다. 색칠한 부분의 넓이가 117 cm²일 때 선분 ㅅㄷ의 길이는 몇 cm인지 구하세요.

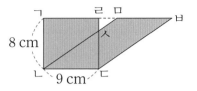

(   )

11

유형 06 B

직사각형 ㄱㄴㄷㄹ에서 점 ㅁ과 점 ㅂ은 대각선 ㄴㄹ을 3등분하는 점입니다. 삼각형 ㄱㅁㅂ의 넓이는 몇 cm²인지 구하세요.

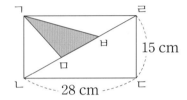

(   )

12

유형 02 C

크기가 같은 정사각형 10개를 겹치지 않게 이어 붙여서 도형을 만들었습니다. 만든 도형의 넓이가 90 cm²일 때 도형의 둘레는 몇 cm인지 구하세요.

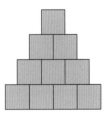

(   )

기적학습연구소

"혼자서 작은 산을 넘는 아이가 나중에 큰 산도 넘습니다."

본 연구소는 아이들이 스스로 큰 산까지 넘을 수 있는 힘을 키워 주고자 합니다.

아이들의 연령에 맞게 학습의 산을 작게 설계하여 혼자서 넘을 수 있다는 자신감을 심어 주고,

때로는 작은 고난도 경험하게 하여 가슴 벅찬 성취감을 느끼게 합니다.

국어, 수학 분과의 학습 전문가들이 아이들에게 실제로 적용해서 검증하며 차근차근 책을 출간합니다.

- 국어 분과 대표 저작물 : 〈기적의 독서논술〉, 〈기적의 독해력〉 외 다수
- 수학 분과 대표 저작물 : 〈기적의 계산법〉, 〈기적의 계산법 응용UP〉, 〈기적의 중학연산〉 외 다수

....

기적의 문제해결법 5권(초등5-1)

초판 발행 2023년 1월 1일

지은이 기적학습연구소
발행인 이종원
발행처 길벗스쿨
출판사 등록일 2006년 7월 1일
주소 서울시 마포구 월드컵로 10길 56(서교동)
대표 전화 02)332-0931 | **팩스** 02)333-5409
홈페이지 school.gilbut.co.kr | **이메일** gilbut@gilbut.co.kr

기획 김미숙(winnerms@gilbut.co.kr) | **편집진행** 이지훈
제작 이준호, 손일순, 이진혁 | **영업마케팅** 문세연, 박다슬 | **웹마케팅** 박달님, 정유리, 윤승현
영업관리 김명자, 정경화 | **독자지원** 윤정아, 최희창
디자인 퍼플페이퍼 | **삽화** 이탁근
전산편집 글사랑 | **CTP 출력·인쇄** 교보피앤비 | **제본** 경문제책

▶ 잘못 만든 책은 구입한 서점에서 바꿔 드립니다.
▶ 이 책은 저작권법에 따라 보호받는 저작물이므로 무단전재와 무단복제를 금합니다.
　이 책의 전부 또는 일부를 이용하려면 반드시 사전에 저작권자와 길벗스쿨의 서면 동의를 받아야 합니다.

ISBN 979-11-6406-493-9 64410
(길벗 도서번호 10843)

정가 15,000원

....

독자의 1초를 아껴주는 정성 길벗출판사

길벗스쿨 국어학습서, 수학학습서, 어학학습서, 어린이교양서, 교과서 school.gilbut.co.kr
길벗 IT실용서, IT/일반 수험서, IT전문서, 경제실용서, 취미실용서, 건강실용서, 자녀교육서 www.gilbut.co.kr
더퀘스트 인문교양서, 비즈니스서
길벗이지톡 어학단행본, 어학수험서

memo

memo

기적의 문제 해결법

5 초등 5-1

정답과 풀이

차례

1 자연수의 혼합 계산

유형 01

10쪽

1 ❶ 11 / ⑩ $(33 - 7 + 4) \times 2 = \boxed{60}$,
　⑩ $33 - (7 + 4 \times 2) = \boxed{18}$
　❷ $33 - (7 + 4 \times 2) = 18$
　답 $33 - (7 + 4 \times 2) = 18$

2 $12 + 54 \div (6 \times 3) = 15$

3 $(2 \times 49 - 14) \div 7 + 11 = 23$

11쪽

4 ❶ $46 \bigcirc 7 \bigcirc 6 \bigcirc 25 \div 5 = 9$
　❷ 23 / ×, −, 83 / ⑩ +, ×, 69 /
　⑩ −, ×, +, 9
　❸ $46 \ominus 7 \otimes 6 \oplus 25 \div 5 = 9$
　답 $46 \ominus 7 \otimes 6 \oplus 25 \div 5 = 9$

5 ÷, +, −, ×　**6** −, ÷, +, ×

유형 02

12쪽

1 ❶ 작아야에 ○표 / 222
　❷ 커야에 ○표 / 126　답 222, 126

2 418, 244　　**3** 428, 191

13쪽

4 ❶ 커야 / 21　❷ 작아야 / 6　답 21, 6

5 24, 12　　**6** 27, 12

유형 03

14쪽

1 ❶ 4 / 9
　❷ ⑩ $15000 - 3600 \div 3 \times 4 - 950 \times 9$
　$= 1650$ / 1650원
　식 ⑩ $15000 - 3600 \div 3 \times 4 - 950 \times 9$
　$= 1650$ 답 1650원

2 식 ⑩ $10000 - 250 \times 8 - 2750 \div 5 \times 7$
　$= 4150$ / 4150원

3 식 ⑩ $5000 - 1500 \div 3 \times 5 - 1280 \div 4 \times 6$
　$= 580$ / 580원

15쪽

4 ❶ 2　❷ ⑩ $10 \times 5 \div 2 - 9 = 16$ / 16개
　식 ⑩ $10 \times 5 \div 2 - 9 = 16$ 답 16개

5 식 ⑩ $10 \times 3 \div 2 - 4 = 11$ / 11권

6 식 ⑩ $5 \times 9 \div 3 - 6 + 8 = 17$ / 17개

16쪽

7 ❶ 3 / 3, 4
　❷ ⑩ $355 - (595 - 355) \div 3 \times 4 = 35$
　/ 35 g
　식 ⑩ $355 - (595 - 355) \div 3 \times 4 = 35$
　답 35 g

8 식 ⑩ $725 - (1425 - 725) \div 4 \times 3 = 200$
　/ 200 g

9 식 ⑩ $192 - (192 - 132) \div 2 \times 5 = 42$
　/ 42 g

유형 04

17쪽

1 ❶ 4　❷ 3　답 3
2 8　　　　**3** 14

18쪽

4 ❶ 40 / 8　❷ 6　답 6
5 3　　　　**6** 4

19쪽

7 ❶ 7, 3　❷ 10　답 10
8 9　　　　**9** 7

유형 05

20쪽

1 ❶ 28, 7, 7, 28　❷ 31　답 31
2 132　　　　**3** 5

21쪽

4 ❶ 6, 6　❷ 42　답 42
5 9　　　　**6** 5

유형 06

22쪽

1 ❶ $12 + \blacksquare - 15 \div 3$　❷ 7　답 7
2 10　　　　**3** 31

23쪽

4 ❶ $(\blacksquare - 4) \times 5$　❷ 11　❸ 3　답 3
5 176　　　　**6** 10

유형 07

24쪽

1 ❶ 3, 6　❷ 12살　답 12살
2 11살　　　　**3** 9살

25쪽

4 ❶ 9 / 5　❷ 9, 5 / 7명　답 7명
5 22명　　　　**6** 53개

유형 마스터

26쪽

01 $63 \div (7 + 2) \times 5 - 11 = 24$
02 25　　**03** 7

27쪽

04 42　　**05** 5
06 식 ⑩ $2820 - 50 \times 40 - 30 \times 25 = 70$ /
70개

28쪽

07 26명　　**08** 4　　**09** 32

29쪽

10 ×, −, ÷, +
11 식 ⑩ $415 - (640 - 415) \div 3 \times 5 = 40$ /
40 g
12 1300원

2 약수와 배수

3 규칙과 대응

4 약분과 통분

유형 01

76쪽

1 ❶ $\dfrac{1}{15}, \dfrac{2}{15}, \dfrac{3}{15}, \dfrac{4}{15}, \dfrac{5}{15}, \dfrac{6}{15}, \dfrac{7}{15},$ $\dfrac{8}{15}, \dfrac{9}{15}, \dfrac{10}{15}, \dfrac{11}{15}, \dfrac{12}{15}, \dfrac{13}{15}, \dfrac{14}{15}$

❷ 1, 2, 4, 7, 8, 11, 13, 14

❸ 4   답 4

2 3   3 4

77쪽

4 ❶ $\dfrac{9}{10}$ / $\dfrac{9}{11}, \dfrac{10}{11}$ / $\dfrac{9}{12}, \dfrac{10}{12}, \dfrac{11}{12}$

❷ $\dfrac{9}{10}, \dfrac{9}{11}, \dfrac{10}{11}, \dfrac{11}{12}$

답 $\dfrac{9}{10}, \dfrac{9}{11}, \dfrac{10}{11}, \dfrac{11}{12}$

5 $\dfrac{5}{6}, \dfrac{5}{7}, \dfrac{6}{7}, \dfrac{5}{8}, \dfrac{7}{8}$ 6 8개

78쪽

7 ❶ 3 ❷ 14개 ❸ 24개 답 24개

8 40개   9 78

유형 02

79쪽

1 ❶ 36, $\dfrac{8}{36}$ ❷ 6 답 6

2 40   3 35

80쪽

4 ❶ 8, $\dfrac{8}{10}$ ❷ 40 답 40

5 27   6 56

81쪽

7 ❶ 17 / 7 ❷ $\dfrac{21}{28}$ ❸ 4 답 4

8 5   9 3

유형 03

82쪽

1 ❶ $\dfrac{20}{45}$ ❷ $\dfrac{20}{53}$ 답 $\dfrac{20}{53}$

2 $\dfrac{3}{20}$ 3 $\dfrac{10}{39}$

83쪽

4 ❶ 5 ❷ 9 ❸ $\dfrac{45}{72}$ 답 $\dfrac{45}{72}$

5 $\dfrac{16}{28}$ 6 $\dfrac{48}{78}$

84쪽

7 ❶ 3 ❷ 5 ❸ $\dfrac{10}{15}$ 답 $\dfrac{10}{15}$

8 $\dfrac{7}{28}$ 9 $\dfrac{4}{10}$

85쪽

10 ❶ 7 ❷ 10 ❸ $\dfrac{10}{43}$ 답 $\dfrac{10}{43}$

11 $\dfrac{29}{56}$ 12 $\dfrac{55}{62}$

유형 04

86쪽

1 ❶ $\dfrac{2}{5}, \dfrac{5}{6}, \dfrac{6}{9}$ ❷ $\dfrac{5}{6}$ 답 $\dfrac{5}{6}$

2 $\dfrac{4}{5}$ 3 $9\dfrac{2}{3}$

87쪽

4 ❶ $\dfrac{2}{4}, \dfrac{2}{7}, \dfrac{4}{7}, \dfrac{2}{8}, \dfrac{4}{8}, \dfrac{7}{8}$ ❷ $\dfrac{4}{7}, \dfrac{7}{8}$

답 $\dfrac{4}{7}, \dfrac{7}{8}$

5 $\dfrac{3}{5}, \dfrac{5}{7}, \dfrac{5}{9}, \dfrac{7}{9}$ 6 $\dfrac{3}{8}, \dfrac{3}{9}, \dfrac{4}{9}$

유형 05

88쪽

1 ❶ 14, 3 ❷ 1, 2, 3, 4 답 1, 2, 3, 4

2 1, 2, 3   3 3, 4, 5

89쪽

4 ❶ 15, 15 ❷ 5 답 5

5 6   6 8, 9

유형 06

90쪽

1 ❶ $\dfrac{45}{60}, \dfrac{50}{60}$ ❷ 4개 답 4개

2 5개   3 $\dfrac{49}{80}$

91쪽

4 ❶ 18, 2, 25 ❷ 10, 11, 12 ❸ $\dfrac{11}{30}$

답 $\dfrac{11}{30}$

5 $\dfrac{23}{36}, \dfrac{25}{36}, \dfrac{29}{36}$ 6 5개

92쪽

7 ❶ $\dfrac{16}{28}, \dfrac{27}{28}, \dfrac{21}{28}$ ❷ $\dfrac{4}{7}$ 답 $\dfrac{4}{7}$

8 $\dfrac{8}{9}$ 9 0.56

93쪽

10 ❶ 5 ❷ 2, 3 ❸ $\dfrac{5}{9}$ 답 $\dfrac{5}{9}$

11 $\dfrac{6}{11}$ 12 $\dfrac{11}{12}$

유형 마스터

94쪽

01 $\dfrac{168}{240}, \dfrac{20}{240}$ 02 4개 03 $\dfrac{13}{37}$

95쪽

04 6   05 $\dfrac{9}{21}$ 06 $9\dfrac{6}{7}$

96쪽

07 17개   08 $2\dfrac{7}{12}$ 09 4

97쪽

10 25   11 $\dfrac{5}{8}$

12 $\dfrac{4}{7}, \dfrac{4}{9}, \dfrac{4}{11}$

5 분수의 덧셈과 뺄셈

6 다각형의 둘레와 넓이

각 문제의 모범 풀이를 중심으로 참고, 주의를 담아 이해를 돕습니다.

1 자연수의 혼합 계산

유형 01 식이 성립하도록 완성하기

10쪽

1 ❶ $11 / $ ㉎ $(33-7+4) \times 2 = \boxed{60}$,

㉎ $33-(7+4 \times 2) = \boxed{18}$

❷ $33-(7+4 \times 2) = 18$

답 $33-(7+4 \times 2) = 18$

2 $12+54 \div (6 \times 3) = 15$

3 $(2 \times 49-14) \div 7+11 = 23$

11쪽

4 ❶ $46 \bigcirc 7 \bigcirc 6 \bigcirc 25 \div 5 = 9$

❷ $23 / \times, -, 83 / $ ㉎ $+, \times, 69 /$

㉎ $-, \times, +, 9$

❸ $46 \ominus 7 \otimes 6 \oplus 25 \div 5 = 9$

답 $46 \ominus 7 \otimes 6 \oplus 25 \div 5 = 9$

5 $\div, +, -, \times$ **6** $-, \div, +, \times$

---

1 ❶ $33-(7+4) \times 2 = 33-11 \times 2$
$= 33-22 = 11 (\times)$
$(33-7+4) \times 2 = 30 \times 2 = 60 (\times)$
$33-(7+4 \times 2) = 33-(7+8) = 33-15 = 18 (\bigcirc)$

❷ 계산 결과가 18이 되는 경우는 $33-(7+4 \times 2)$입니다.

2 $12+54 \div 6 \times 3 = 12+27 = 39 (\times)$이므로 ( )가 있으면 계산 순서가 바뀌는 부분을 ( )로 묶어 계산하면
$(12+54) \div 6 \times 3 = 66 \div 6 \times 3 = 33 (\times)$
$12+54 \div (6 \times 3) = 12+54 \div 18 = 12+3 = 15 (\bigcirc)$
$(12+54 \div 6) \times 3 = (12+9) \times 3 = 21 \times 3 = 63 (\times)$

3 $2 \times 49-14 \div 7+11 = 98-2+11 = 107 (\times)$이므로 ( )가 있으면 계산 순서가 바뀌는 부분을 ( )로 묶어 계산하면
$2 \times (49-14) \div 7+11 = 2 \times 35 \div 7+11$
$= 10+11 = 21 (\times)$
$(2 \times 49-14) \div 7+11 = (98-14) \div 7+11$
$= 84 \div 7+11 = 12+11 = 23 (\bigcirc)$
$2 \times (49-14 \div 7)+11 = 2 \times (49-2)+11$
$= 2 \times 47+11 = 94+11 = 105 (\times)$
$2 \times 49-(14 \div 7+11) = 2 \times 49-(2+11)$
$= 98-13 = 85 (\times)$

4 ❶ $25 \div 5 = 5$이므로 나눗셈이 나누어떨어지려면 25와 5 사이에 $\div$를 넣어야 합니다.

❷ $46+7-6 \times 25 \div 5 = 46+7-30 = 23 (\times)$
$46+7 \times 6-25 \div 5 = 46+42-5 = 83 (\times)$
$46-7+6 \times 25 \div 5 = 46-7+30 = 69 (\times)$
$46-7 \times 6+25 \div 5 = 46-42+5 = 9 (\bigcirc)$

❸ 계산 결과가 9가 되는 경우는 $46-7 \times 6+25 \div 5$ 입니다.

5 $9 \div 3 = 3$, $32 \div 2 = 16$이므로 계산이 가능한 경우를 생각하면
$32+2 \times 9 \div 3-4 = 32+6-4 = 34 (\times)$
$32-2 \times 9 \div 3+4 = 32-6+4 = 30 (\times)$
$32 \div 2+9-3 \times 4 = 16+9-12 = 13 (\bigcirc)$
$32 \div 2-9+3 \times 4 = 16-9+12 = 19 (\times)$

6 $4 \div 2 = 2$, $(21+3) \div 6 = 24 \div 6 = 4$,
$(21-3) \div 6 = 18 \div 6 = 3$이므로 계산이 가능한 경우를 생각하면
$(21+3)-6 \times 4 \div 2 = 24-12 = 12 (\times)$
$(21+3) \times 6-4 \div 2 = 24 \times 6-2 = 144-2$
$= 142 (\times)$
$(21-3)+6 \times 4 \div 2 = 18+12 = 30 (\times)$
$(21-3) \times 6+4 \div 2 = 18 \times 6+2 = 108+2$
$= 110 (\times)$
$(21+3) \div 6 \times 4-2 = 24 \div 6 \times 4-2 = 16-2$
$= 14 (\times)$
$(21+3) \div 6-4 \times 2 = 24 \div 6-8 = 4-8 (\times)$
$(21-3) \div 6 \times 4+2 = 18 \div 6 \times 4+2 = 12+2$
$= 14 (\times)$
$(21-3) \div 6+4 \times 2 = 18 \div 6+8 = 3+8 = 11 (\bigcirc)$

유형 02 수 카드로 혼합 계산식 만들기

12쪽

1 ❶ 작아야에 ○표 / 222

❷ 커야에 ○표 / 126   답 222, 126

2 418, 244   **3** 428, 191

13쪽

4 ❶ 커야 / 21   ❷ 작아야 / 6   답 21, 6

5 24, 12   **6** 27, 12

1 ❶ 계산 결과가 가장 클 때의 값:

$15 \times (9+6) - 3 = 15 \times 15 - 3$
$= 225 - 3 = 222$

❷ 계산 결과가 가장 작을 때의 값:

$15 \times (3+6) - 9 = 15 \times 9 - 9$
$= 135 - 9 = 126$

2 • 계산 결과를 가장 크게 만들려면 곱하는 수는 가장 크고, 빼는 수는 가장 작아야 하므로

$28 \times (8+7) - 2 = 28 \times 15 - 2 = 420 - 2 = 418$

• 계산 결과를 가장 작게 만들려면 곱하는 수는 가장 작고, 빼는 수는 가장 커야 하므로

$28 \times (2+7) - 8 = 28 \times 9 - 8 = 252 - 8 = 244$

3 • 계산 결과를 가장 크게 만들려면 곱해지는 수는 가장 크고, 빼는 수는 가장 작아야 하므로

$(7+6) \times 33 - 1 = 13 \times 33 - 1 = 429 - 1 = 428$

• 계산 결과를 가장 작게 만들려면 곱해지는 수는 가장 작고, 빼는 수는 가장 커야 하므로

$(1+5) \times 33 - 7 = 6 \times 33 - 7 = 198 - 7 = 191$

4 ❶ 계산 결과가 가장 클 때의 값:

$140 \div (2 \times 5) + 7 = 140 \div 10 + 7$
$= 14 + 7 = 21$

❷ 계산 결과가 가장 작을 때의 값:

$140 \div (7 \times 5) + 2 = 140 \div 35 + 2$
$= 4 + 2 = 6$

5 • 계산 결과를 가장 크게 만들려면 나누는 수는 가장 작고, 더하는 수는 가장 커야 하므로

$216 \div (3 \times 4) + 6 = 216 \div 12 + 6 = 18 + 6 = 24$

• 계산 결과를 가장 작게 만들려면 나누는 수는 가장 크고, 더하는 수는 가장 작아야 하므로

$216 \div (6 \times 4) + 3 = 216 \div 24 + 3 = 9 + 3 = 12$

6 • 계산 결과를 가장 크게 만들려면 더해지는 수는 가장 크고, 나누는 수는 가장 작아야 하므로

$9 + 576 \div (4 \times 8) = 9 + 576 \div 32 = 9 + 18 = 27$

• 계산 결과를 가장 작게 만들려면 더해지는 수는 가장 작고, 나누는 수는 가장 커야 하므로

$4 + 576 \div (9 \times 8) = 4 + 576 \div 72 = 4 + 8 = 12$

유형 **03** 실생활에서 혼합 계산의 활용

14쪽 **1** ❶ 4 / 9

❷ 예 $15000 - 3600 \div 3 \times 4 - 950 \times 9$
$= 1650$ / 1650원

식 예 $15000 - 3600 \div 3 \times 4 - 950 \times 9$
$= 1650$ 답 1650원

---

2 식 예 $10000 - 250 \times 8 - 2750 \div 5 \times 7 = 4150$
/ 4150원

3 식 예 $5000 - 1500 \div 3 \times 5 - 1280 \div 4 \times 6$
$= 580$ / 580원

15쪽 **4** ❶ 2　❷ 예 $10 \times 5 \div 2 - 9 = 16$ / 16개

식 예 $10 \times 5 \div 2 - 9 = 16$ 답 16개

5 식 예 $10 \times 3 \div 2 - 4 = 11$ / 11권

6 식 예 $5 \times 9 \div 3 - 6 + 8 = 17$ / 17개

16쪽 **7** ❶ 3 / 3, 4

❷ 예 $355 - (595 - 355) \div 3 \times 4 = 35$ / 35 g

식 예 $355 - (595 - 355) \div 3 \times 4 = 35$ 답 35 g

8 식 예 $725 - (1425 - 725) \div 4 \times 3 = 200$ / 200 g

9 식 예 $192 - (192 - 132) \div 2 \times 5 = 42$ / 42 g

1 ❷ (거스름돈)
$= 15000 - ($토마토 4개의 값$) - ($키위 9개의 값$)$
$= 15000 - 3600 \div 3 \times 4 - 950 \times 9$
$= 15000 - 4800 - 8550 = 1650$(원)

2 사탕 8개의 값: 250×8
젤리 7개의 값: $2750 \div 5 \times 7$
⇨ (거스름돈)
$= 10000 - ($사탕 8개의 값$) - ($젤리 7개의 값$)$
$= 10000 - 250 \times 8 - 2750 \div 5 \times 7$
$= 10000 - 2000 - 3850 = 4150$(원)

3 지우개 5개의 값: $1500 \div 3 \times 5$
딱풀 6개의 값: $1280 \div 4 \times 6$
⇨ (남은 돈)
$= 5000 - ($지우개 5개의 값$) - ($딱풀 6개의 값$)$
$= 5000 - 1500 \div 3 \times 5 - 1280 \div 4 \times 6$
$= 5000 - 2500 - 1920 = 580$(원)

4 ❷ (재율이에게 남은 초콜릿의 수)
$= ($동생과 똑같이 나누어 가진 초콜릿의 수$)$
$- ($친구에게 준 초콜릿의 수$)$
$= 10 \times 5 \div 2 - 9$
$= 25 - 9 = 16$(개)

5 새봄이가 언니와 똑같이 나누어 가진 공책의 수: $10 \times 3 \div 2$
(새봄이에게 남은 공책의 수)
$= ($언니와 똑같이 나누어 가진 공책의 수$)$
$- ($동생에게 준 공책의 수$)$
$= 10 \times 3 \div 2 - 4 = 15 - 4 = 11$(권)

6 과자를 3묶음으로 나누었을 때 한 묶음 안의 과자의 수:
$5 \times 9 \div 3$

(현우가 가지고 있는 과자의 수)

$= $(과자를 3묶음으로 나누었을 때 한 묶음 안의 과자의 수)

$\quad - $(동생에게 준 과자의 수)

$\quad + $(누나에게서 받은 과자의 수)

$= 5 \times 9 \div 3 - 6 + 8 = 15 - 6 + 8 = 17$(개)

7 ❷ (빈 상자의 무게)

$\quad = $(공 4개가 들어 있는 상자의 무게)$-$(공 4개의 무게)

$\quad = 355 - (595 - 355) \div 3 \times 4$

$\quad = 355 - 240 \div 3 \times 4$

$\quad = 355 - 320 = 35$ (g)

8 책 4권의 무게: $1425 - 725$

책 1권의 무게: $(1425 - 725) \div 4$

책 3권의 무게: $(1425 - 725) \div 4 \times 3$

⇨ (빈 상자의 무게)

$\quad = $(책 3권이 들어 있는 상자의 무게)$-$(책 3권의 무게)

$\quad = 725 - (1425 - 725) \div 4 \times 3$

$\quad = 725 - 700 \div 4 \times 3 = 725 - 525 = 200$ (g)

9 구슬 2개의 무게: $192 - 132$

구슬 1개의 무게: $(192 - 132) \div 2$

구슬 5개의 무게: $(192 - 132) \div 2 \times 5$

⇨ (빈 상자의 무게)

$\quad = $(구슬 5개가 들어 있는 상자의 무게)

$\qquad - $(구슬 5개의 무게)

$\quad = 192 - (192 - 132) \div 2 \times 5$

$\quad = 192 - 60 \div 2 \times 5 = 192 - 150 = 42$ (g)

다른 풀이

구슬 1개의 무게: $(192 - 132) \div 2$

구슬 3개의 무게: $(192 - 132) \div 2 \times 3$

⇨ (빈 상자의 무게)

$\quad = $(구슬 3개가 들어 있는 상자의 무게)$-$(구슬 3개의 무게)

$\quad = 132 - (192 - 132) \div 2 \times 3$

$\quad = 132 - 60 \div 2 \times 3 = 132 - 90 = 42$ (g)

유형 **04** 혼합 계산 방정식

17쪽	**1** ❶ 4 ❷ 3 탑 3	
	2 8	**3** 14
18쪽	**4** ❶ 40 / 8 ❷ 6 탑 6	
	5 3	**6** 4
19쪽	**7** ❶ 7, 3 ❷ 10 탑 10	
	8 9	**9** 7

1 ❶ $(41 - 5) \div 9 = 36 \div 9 = 4$이므로 주어진 식을 간단하게 하면 $4 + \blacksquare = 7$입니다.

❷ $4 + \blacksquare = 7$

$\quad \blacksquare = 7 - 4 = 3$

2 $6 \times 2 + 7 - \square = 11$

$12 + 7 - \square = 11$

$19 - \square = 11$

$\square = 19 - 11 = 8$

3 $\square - 56 \div (15 - 8) = 6$

$\square - 56 \div 7 = 6$

$\square - 8 = 6$

$\square = 6 + 8 = 14$

4 ❶ $5 \times (\blacksquare + 2) - 17 = 23$

$\rightarrow 5 \times (\blacksquare + 2) = 23 + 17 = 40$

$\blacksquare + 2 = 40 \div 5 = 8$

❷ $\blacksquare + 2 = 8$

$\blacksquare = 8 - 2 = 6$

5 $81 \div (9 \times \square) + 36 = 39$

$81 \div (9 \times \square) = 39 - 36 = 3$

$9 \times \square = 81 \div 3 = 27$

$\square = 27 \div 9 = 3$

6 $4 + (32 \div \square - 6) \times 8 = 20$

$(32 \div \square - 6) \times 8 = 20 - 4 = 16$

$32 \div \square - 6 = 16 \div 8 = 2$

$32 \div \square = 2 + 6 = 8$

$\square = 32 \div 8 = 4$

7 ❷ $\blacksquare \times 6 - \blacksquare \times 5 = 7 + 3$

$\blacksquare = 10$

8 $\square \times 9 + 2 = \square \times 8 + 11$

$\square \times 9 - \square \times 8 = 11 - 2$

$\square = 9$

9 $\square \times 2 + 9 = \square \times 4 - 5$

$\square \times 4 - \square \times 2 = 9 + 5$

$\square \times 2 = 14$

$\square = 14 \div 2$

$\square = 7$

유형 **05** 혼합 계산식으로 나타내기

20쪽	**1** ❶ 28, 7, 7, 28 ❷ 31 탑 31	
	2 132	**3** 5
21쪽	**4** ❶ 6, 6 ❷ 42 탑 42	
	5 9	**6** 5

1 ❷ $7\bullet 28=(28-7)\div 7+28$
$=21\div 7+28$
$=3+28$
$=31$

2 $14\star 8=(14+8)\times(14-8)=22\times 6=132$

3 ( ) 안을 먼저 계산하면
$12\blacklozenge 6=12-(12+6)\div 6$
$=12-18\div 6=12-3=9$
$\Rightarrow (12\blacklozenge 6)\blacklozenge 3=9\blacklozenge 3$
$=9-(9+3)\div 3$
$=9-12\div 3=9-4=5$

4 ❶ $\blacksquare\odot 6=(\blacksquare+6)\div 6$이므로 $(\blacksquare+6)\div 6=8$
❷ $(\blacksquare+6)\div 6=8$
$\blacksquare+6=8\times 6$
$\blacksquare+6=48$
$\blacksquare=48-6$
$\blacksquare=42$

5 $7\blacktriangle\square=7\times(\square-7)+7=21$
$\rightarrow 7\times(\square-7)=21-7=14$
$\square-7=14\div 7=2$
$\square=2+7=9$

6 $\square\spadesuit 3=3+\square\times 3-\square=13$
$\rightarrow\square\times 3-\square=13-3=10$
$\square\times 2=10$
$\square=10\div 2=5$

유형 06 어떤 수

22쪽	**1** ❶ $12+\blacksquare-15\div 3$ ❷ 7 답 7	
	2 10	**3** 31
23쪽	**4** ❶ $(\blacksquare-4)\times 5$ ❷ 11 ❸ 3 답 3	
	5 176	**6** 10

1 ❷ $12+\blacksquare-15\div 3=140\div 10$, $12+\blacksquare-5=14$,
$12+\blacksquare=19$, $\blacksquare=7$
따라서 어떤 수는 7입니다.

2 어떤 수를 $\square$라 하여 식을 세우면
$\square\times 3+60\div 5=2\times 21$,
$\square\times 3+12=42$, $\square\times 3=42-12=30$,
$\square=30\div 3=10$
따라서 어떤 수는 10입니다.

---

3 어떤 수를 $\square$라 하여 식을 세우면
$(\square+5)\div(9\times 2)=30\div 15$,
$(\square+5)\div 18=2$, $\square+5=2\times 18=36$,
$\square=36-5=31$
따라서 어떤 수는 31입니다.

4 ❷ $(\blacksquare-4)\times 5=35$, $\blacksquare-4=7$, $\blacksquare=11$
❸ 어떤 수에 4를 더한 다음 5로 나누어야 하므로
$(\blacksquare+4)\div 5=(11+4)\div 5=15\div 5=3$

5 어떤 수를 $\square$라 하면
잘못 계산한 식에서 $(50+\square)\div 4=14$,
$50+\square=14\times 4=56$, $\square=56-50=6$
따라서 바르게 계산하면 $(50-6)\times 4=44\times 4=176$

6 어떤 수를 $\square$라 하면
잘못 계산한 식에서 $(\square-3)\times 22=110$,
$\square-3=110\div 22=5$, $\square=5+3=8$
따라서 바르게 계산하면 $(8+22)\div 3=30\div 3=10$

유형 07 혼합 계산 방정식의 활용

24쪽	**1** ❶ 3, 6 ❷ 12살 답 12살	
	2 11살	**3** 9살
25쪽	**4** ❶ 9 / 5 ❷ 9, 5 / 7명 답 7명	
	5 22명	**6** 53개

1 ❷ $\blacksquare\times 3+6=42$, $\blacksquare\times 3=42-6=36$,
$\blacksquare=36\div 3=12$
따라서 성준이의 나이는 12살입니다.

2 채령이의 나이를 $\square$살이라 하면
$\square\times 5-9=46$, $\square\times 5=46+9=55$,
$\square=55\div 5=11$
따라서 채령이의 나이는 11살입니다.

3 동생의 나이를 $\square$살이라 하면
$(12+\square)\times 2+3=45$, $(12+\square)\times 2=45-3=42$,
$12+\square=42\div 2=21$, $\square=21-12=9$
따라서 동생의 나이는 9살입니다.

4 ❷ $\blacksquare\times 11-9=\blacksquare\times 9+5$,
$\blacksquare\times 11-\blacksquare\times 9=5+9$, $\blacksquare\times 2=14$,
$\blacksquare=14\div 2=7$
따라서 다희네 모둠 학생은 7명입니다.

5 성현이네 반 학생 수를 $\square$명이라 하면
$\square\times 8-13=\square\times 7+9$, $\square\times 8-\square\times 7=9+13$,
$\square=22$
따라서 성현이네 반 학생은 22명입니다.

6 세림이네 모둠 학생 수를 □명이라 하면
□×5＋8＝□×7－10, □×7－□×5＝8＋10,
□×2＝18, □＝18÷2＝9
따라서 세림이네 모둠 학생이 9명이므로
(구슬의 수)＝9×5＋8＝45＋8＝53(개)입니다.

단원 1 유형 마스터

26쪽	**01** 63÷(7＋2)×5－11＝24		
	02 25	**03** 7	
27쪽	**04** 42	**05** 5	
	06 식 예 2820－50×40－30×25＝70 / 70개		
28쪽	**07** 26명	**08** 4	**09** 32
29쪽	**10** ×, －, ÷, ＋		
	11 식 예 415－(640－415)÷3×5＝40 / 40 g		
	12 1300원		

01 63÷7＋2×5－11＝9＋10－11＝8이므로
( )가 있으면 계산 순서가 바뀌는 부분을 ( )로 묶어
계산합니다.
63÷(7＋2)×5－11＝63÷9×5－11
＝7×5－11
＝35－11＝24 (○),
(63÷7＋2)×5－11＝(9＋2)×5－11
＝11×5－11
＝55－11＝44 (×)

02 8♥5＝8×5－5×(8－5)＝8×5－5×3
＝40－15＝25

03 11＋(2×□－4)×3＝41
(2×□－4)×3＝41－11＝30
2×□－4＝30÷3＝10
2×□＝10＋4＝14
□＝14÷2＝7

04 ・계산 결과를 가장 크게 만들려면 나누는 수는 가장 작고,
더하는 수는 가장 커야 하므로
540÷(2×6)＋9＝540÷12＋9＝45＋9＝54
・계산 결과를 가장 작게 만들려면 나누는 수는 가장 크고,
더하는 수는 가장 작아야 하므로
540÷(9×6)＋2＝540÷54＋2＝10＋2＝12
따라서 계산 결과가 가장 클 때의 값과 가장 작을 때의
값의 차는 54－12＝42입니다.

05 어떤 수를 □라 하면
잘못 계산한 식에서 (□＋4)÷8＝2,
□＋4＝2×8＝16, □＝16－4＝12
따라서 바르게 계산하면 (12＋8)÷4＝20÷4＝5

06 (상자에 담지 못한 감자의 수)
＝2820
－(한 상자에 50개씩 40상자에 담은 감자의 수)
－(한 상자에 30개씩 25상자에 담은 감자의 수)
＝2820－50×40－30×25
＝2820－2000－750＝70(개)

07 인아네 반 학생 수를 □명이라 하면
□×10－18＝□×9＋8,
□×10－□×9＝8＋18, □＝26
따라서 인아네 반 학생은 26명입니다.

08 44÷(6÷3)－2×8＝44÷2－2×8＝22－16＝6
이므로 6＜□＋3입니다.
6＝□＋3이면 □＝3이므로 □ 안에는 3보다 큰 수가
들어가야 합니다.
따라서 □ 안에 들어갈 수 있는 가장 작은 자연수는 4입
니다.

09 계산 결과를 가장 크게 만들려면 큰 수 사이에는 ＋, ×
를 써넣고, 작은 수 사이에는 －, ÷를 써넣어야 합
니다.
6×5＋4÷2＝30＋2＝32 또는
6×5＋4－2＝30＋4－2＝32

10 직접 ○ 안에 ＋, －, ×, ÷의 기호를 써넣어 계산 결
과가 7이 되도록 만듭니다.
(4×4－4)÷4＋4＝(16－4)÷4＋4
＝12÷4＋4＝3＋4＝7

11 공 3개의 무게: 640－415
공 1개의 무게: (640－415)÷3
공 5개의 무게: (640－415)÷3×5
➡ (빈 상자의 무게)
＝(공 5개가 들어 있는 상자의 무게)－(공 5개의 무게)
＝415－(640－415)÷3×5
＝415－225÷3×5＝415－375＝40 (g)

12 옥수수빵 한 개의 값을 □원이라 하면
10000－800×4－□×3＝2900,
10000－3200－□×3＝2900,
6800－□×3＝2900,
□×3＝6800－2900＝3900,
□＝3900÷3＝1300
따라서 옥수수빵 한 개의 값은 1300원입니다.

2 약수와 배수

1 ❶ 나누어 줄 수 있는 최대 사람 수는 27과 72의 최대
공약수입니다.

3) 27 72
3) 9 24
     3   8 → 최대공약수: $3 \times 3 = 9$

따라서 최대 9명에게 나누어 줄 수 있습니다.

❷ (한 사람에게 나누어 줄 수 있는 사탕의 수)
$= 27 \div 9 = 3$(개)

(한 사람에게 나누어 줄 수 있는 초콜릿의 수)
$= 72 \div 9 = 8$(개)

2 나누어 줄 수 있는 최대 사람 수는 48과 36의 최대공약
수입니다.

2) 48 36
2) 24 18
3) 12   9
     4   3 → 최대공약수: $2 \times 2 \times 3 = 12$

최대 12명에게 나누어 줄 수 있으므로

(한 사람에게 나누어 줄 수 있는 색종이의 수)
$= 48 \div 12 = 4$(장)

(한 사람에게 나누어 줄 수 있는 색연필의 수)
$= 36 \div 12 = 3$(자루)

3 자를 수 있는 가장 긴 끈의 길이는 88과 32의 최대공약
수입니다.

2) 88 32
2) 44 16
2) 22   8
    11   4 → 최대공약수: $2 \times 2 \times 2 = 8$

최대 8 cm로 자를 수 있으므로

(길이가 88 cm인 끈의 도막 수)$= 88 \div 8 = 11$(도막)

(길이가 32 cm인 끈의 도막 수)$= 32 \div 8 = 4$(도막)

따라서 끈은 모두 $11 + 4 = 15$(도막)이 됩니다.

4 ❶ 두 버스가 동시에 출발하는 시각의 간격은 16과 20
의 최소공배수입니다.

2) 16 20
2) 8 10
     4   5 → 최소공배수: $2 \times 2 \times 4 \times 5 = 80$

따라서 두 버스는 80분마다 동시에 출발합니다.

❷ 바로 다음번에 두 버스가 동시에 출발하는 시각은
80분=1시간 20분 후이므로

오전 7시 30분에서 1시간 20분 후인 오전 8시 50분
에 다시 동시에 출발합니다.

5

2) 14 10
    7   5 → 최소공배수: $2 \times 7 \times 5 = 70$

두 열차는 14와 10의 최소공배수인 70분=1시간 10분
마다 동시에 출발합니다.

따라서 오후 3시 20분에서 1시간 10분 후인
오후 4시 30분에 다시 동시에 출발합니다.

6

2) 30 24
3) 15 12
    5   4 → 최소공배수: $2 \times 3 \times 5 \times 4 = 120$

두 버스는 30과 24의 최소공배수인 120분=2시간마다
동시에 출발합니다.

따라서 오전 8시 이후부터 오후 5시까지 두 버스가 동시
에 출발하는 시각은 오전 10시, 낮 12시, 오후 2시, 오후
4시로 모두 4번입니다.

7 ❶ 처음에 맞물렸던 톱니가 같은 자리에서 다시 만나려
면 60과 42의 최소공배수만큼 톱니가 맞물려야 합
니다.

2) 60 42
3) 30 21
   10   7 → 최소공배수: $2 \times 3 \times 10 \times 7 = 420$

따라서 60과 42의 최소공배수인 420개의 톱니가
각각 맞물려야 합니다.

❷ ㉮ 톱니바퀴는 적어도 $420 \div 60 = 7$(바퀴)를 돌아야
합니다.

8

2) 54 72
3) 27 36
3) 9 12
    3   4 → 최소공배수: $2 \times 3 \times 3 \times 3 \times 4 = 216$

처음에 맞물렸던 톱니가 같은 자리에서 다시 만나려면
54와 72의 최소공배수인 216개의 톱니가 각각 맞물려
야 합니다.

따라서 ㉯ 톱니바퀴는 적어도 $216 \div 72 = 3$(바퀴)를 돌
아야 합니다.

9
$$\begin{array}{r} 2\,)\underline{20\quad16} \\ 2\,)\underline{10\quad\ 8} \\ 5\quad\ 4 \end{array} \rightarrow 최소공배수: 2 \times 2 \times 5 \times 4 = 80$$

처음에 맞물렸던 톱니가 같은 자리에서 다시 만나려면 20과 16의 최소공배수인 80개의 톱니가 각각 맞물려야 합니다.

따라서 ㉮ 톱니바퀴는 적어도 $80 \div 20 = 4$(바퀴)를 돌아야 하고, 1분에 2바퀴를 회전하므로 4바퀴를 도는 데에는 $4 \div 2 = 2$(분)이 걸립니다.

유형 **02** 배수의 개수

35쪽	**1**	❶ 1부터 100까지: 16개, 1부터 399까지: 66개
		❷ 66, 16, 50 탑 50개
	2 25개	**3** 195
36쪽	**4** ❶ 공배수 / 배수 ❷ 60 ❸ 4개 탑 4개
	5 6개	**6** 43개

1 ❶ • $100 \div 6 = 16 \cdots 4$이므로 16개
　　• $399 \div 6 = 66 \cdots 3$이므로 66개

2 • 1부터 300까지의 자연수 중에서 8의 배수의 개수:
　　$300 \div 8 = 37 \cdots 4$이므로 37개
　• 1부터 499까지의 자연수 중에서 8의 배수의 개수:
　　$499 \div 8 = 62 \cdots 3$이므로 62개
　⇨ 300보다 크고 500보다 작은 자연수 중에서 8의 배수의 개수: $62 - 37 = 25$(개)

> **참고**
> 300보다 크고 500보다 작은 자연수는 301부터 499까지의 자연수입니다.

3 $200 \div 13 = 15 \cdots 5$이므로
　13의 배수: $13 \times 1 = 13, 13 \times 2 = 26, 13 \times 3 = 39 \cdots$
　　　　　　$13 \times 15 = 195, 13 \times 16 = 208 \cdots$
　13의 배수 중에서 200보다 작으면서 200에 가장 가까운 수는 195이고, 200보다 크면서 200에 가장 가까운 수는 208입니다.
　⇨ $200 - 195 = 5, 208 - 200 = 8$이므로 13의 배수 중에서 200에 가장 가까운 수는 195입니다.

---

4 ❷
$$\begin{array}{r} 3\,)\underline{12\quad15} \\ 4\quad\ 5 \end{array} \rightarrow 최소공배수: 3 \times 4 \times 5 = 60$$

❸ • 1부터 400까지의 자연수 중에서 60의 배수의 개수:
　　$400 \div 60 = 6 \cdots 40$이므로 6개
　• 1부터 149까지의 자연수 중에서 60의 배수의 개수:
　　$149 \div 60 = 2 \cdots 29$이므로 2개
　따라서 150부터 400까지의 자연수 중에서 12의 배수도 되고 15의 배수도 되는 수는 모두
　$6 - 2 = 4$(개)입니다.

5 16의 배수도 되고 10의 배수도 되는 수는 16과 10의 공배수이므로 16과 10의 최소공배수의 배수를 구합니다.
$$\begin{array}{r} 2\,)\underline{16\quad10} \\ 8\quad\ 5 \end{array} \rightarrow 최소공배수: 2 \times 8 \times 5 = 80$$
• 1부터 600까지의 자연수 중에서 80의 배수의 개수:
　$600 \div 80 = 7 \cdots 40$이므로 7개
• 1부터 99까지의 자연수 중에서 80의 배수의 개수:
　$99 \div 80 = 1 \cdots 19$이므로 1개
따라서 100부터 600까지의 자연수 중에서 16의 배수도 되고 10의 배수도 되는 수는 모두 $7 - 1 = 6$(개)입니다.

6 1부터 100까지의 자연수 중에서
• 3의 배수의 개수: $100 \div 3 = 33 \cdots 1$이므로 33개
• 7의 배수의 개수: $100 \div 7 = 14 \cdots 2$이므로 14개
• 3과 7의 최소공배수인 21의 배수의 개수:
　$100 \div 21 = 4 \cdots 16$이므로 4개
따라서 1부터 100까지의 자연수 중에서 3의 배수이거나 7의 배수인 수는 모두 $33 + 14 - 4 = 43$(개)입니다.

유형 **03** 배수의 활용

37쪽	**1**	❶ 9의 배수입니다. ❷ 9 ❸ 10개 탑 10개
	2 13개	**3** 15개
38쪽	**4** ❶ 3 ❷ 3, 6, 9, 12, 15, 18 ❸ 2, 5, 8
		탑 2, 5, 8
	5 1, 3, 5, 7, 9	**6** 4500, 4545, 4590

1 ❶ $567 \div 9 = 63$이므로 567은 9의 배수입니다.
❷ 567이 9의 배수이므로 ■에 들어갈 수 있는 수도 9의 배수이어야 합니다.
❸ 두 자리 수인 9의 배수는
　$9 \times 2 = 18, 9 \times 3 = 27, 9 \times 4 = 36 \cdots$
　$9 \times 10 = 90, 9 \times 11 = 99$이므로
　모두 $11 - 2 + 1 = 10$(개)입니다.

2 $441 \div 7 = 63$에서 441이 7의 배수이므로
□ 안에 들어갈 수 있는 수도 7의 배수이어야 합니다.
⇨ 두 자리 수인 7의 배수는 $7 \times 2 = 14$, $7 \times 3 = 21$,
$7 \times 4 = 28 \cdots\cdots 7 \times 13 = 91$, $7 \times 14 = 98$이므로
모두 $14 - 2 + 1 = 13$(개)입니다.

3 $384 \div 6 = 64$에서 384가 6의 배수이므로
□ 안에 들어갈 수 있는 수도 6의 배수이어야 합니다.
⇨ 두 자리 수인 6의 배수는 $6 \times 2 = 12$, $6 \times 3 = 18$,
$6 \times 4 = 24 \cdots\cdots 6 \times 15 = 90$, $6 \times 16 = 96$이므로
모두 $16 - 2 + 1 = 15$(개)입니다.

4 ❶ $2 + 1 + 4 + ■ = 7 + ■$가 3의 배수이어야 합니다.
❷ 3의 배수: $3, 6, 9, 12, 15, 18 \cdots\cdots$
❸ $7 + ■$는 3의 배수 $9, 12, 15, 18 \cdots\cdots$이 될 수 있습니다.
$7 + ■ = 9$이면 $■ = 2$, $7 + ■ = 12$이면 $■ = 5$,
$7 + ■ = 15$이면 $■ = 8$, $7 + ■ = 18$이면 $■ = 11$
따라서 ■에 들어갈 수 있는 숫자는 $2, 5, 8$입니다.

5 4의 배수는 끝의 두 자리 수가 00 또는 4의 배수이어야 하므로 $50□6$에서 $□6$이 4의 배수가 되는 경우는 16, $36, 56, 76, 96$입니다.
따라서 □ 안에 들어갈 수 있는 숫자는 $1, 3, 5, 7, 9$입니다.

6 5의 배수는 일의 자리 숫자가 0 또는 5이어야 하므로 $45□0$ 또는 $45□5$입니다.
9의 배수는 각 자리 숫자의 합이 9의 배수인 수입니다.
• $45□0$일 때 $4 + 5 + □ + 0 = 9 + □$가 9의 배수가 되려면 □는 0 또는 9입니다. → $4500, 4590$
• $45□5$일 때 $4 + 5 + □ + 5 = 14 + □$가 9의 배수가 되려면 □는 4입니다. → 4545
따라서 5의 배수도 되고 9의 배수도 되는 네 자리 수는 $4500, 4545, 4590$입니다.

	유형 **04** 나누는 수 구하기	
39쪽	**1** ❶ 최대 ❷ 8 🖅 8	
	2 6	**3** 5
40쪽	**4** ❶ 3, 126 / 큰에 ○표 ❷ 9, 18	
	🖅 9, 18	
	5 5, 10	**6** 6, 12
41쪽	**7** ❶ 3, 48, 4, 54 ❷ 6명 🖅 6명	
	8 4명	**9** 7명

---

1 ❶ 104와 56을 모두 나누어떨어지게 하는 수는 104와 56의 공약수이고,
104와 56의 공약수 중에서 가장 큰 수는 104와 56의 최대공약수입니다.
❷
$$
\begin{array}{r}
2\,)\underline{104\;\;56} \\
2\,)\underline{\;\;52\;\;28} \\
2\,)\underline{\;\;26\;\;14} \\
13\quad 7
\end{array}
$$
→ 최대공약수: $2 \times 2 \times 2 = 8$
따라서 104와 56을 모두 나누어떨어지게 하는 수 중에서 가장 큰 수는 8입니다.

2 54와 78을 모두 나누어떨어지게 하는 수 중에서 가장 큰 수는 54와 78의 최대공약수입니다.
$$
\begin{array}{r}
2\,)\underline{54\;\;78} \\
3\,)\underline{27\;\;39} \\
9\quad 13
\end{array}
$$
→ 최대공약수: $2 \times 3 = 6$

3 80과 55를 모두 나누어떨어지게 하는 수 중에서 가장 큰 수는 80과 55의 최대공약수입니다.
$$
\begin{array}{r}
5\,)\underline{80\;\;55} \\
16\quad 11
\end{array}
$$
→ 최대공약수: 5

4 ❶ $96 - 6$과 $129 - 3$을 어떤 수로 나누면 모두 나누어떨어집니다.
❷
$$
\begin{array}{r}
2\,)\underline{90\;\;\;126} \\
3\,)\underline{45\;\;\;\;63} \\
3\,)\underline{15\;\;\;\;21} \\
5\quad\;\; 7
\end{array}
$$
→ 최대공약수: $2 \times 3 \times 3 = 18$
따라서 어떤 수가 될 수 있는 수는 18의 약수 $1, 2, 3$, $6, 9, 18$ 중에서 6보다 큰 수인 $9, 18$입니다.

5 어떤 수는 $83 - 3 = 80$과 $34 - 4 = 30$의 공약수 중에서 나머지 4보다 큰 수입니다.
$$
\begin{array}{r}
2\,)\underline{80\;\;30} \\
5\,)\underline{40\;\;15} \\
8\quad 3
\end{array}
$$
→ 최대공약수: $2 \times 5 = 10$
따라서 어떤 수가 될 수 있는 수는 10의 약수 $1, 2, 5, 10$ 중에서 4보다 큰 수인 $5, 10$입니다.

6 어떤 수는 $53 - 5 = 48$과 $85 - 1 = 84$의 공약수 중에서 나머지 5보다 큰 수입니다.
$$
\begin{array}{r}
2\,)\underline{48\;\;84} \\
2\,)\underline{24\;\;42} \\
3\,)\underline{12\;\;21} \\
4\quad\; 7
\end{array}
$$
→ 최대공약수: $2 \times 2 \times 3 = 12$
따라서 어떤 수가 될 수 있는 수는 12의 약수 $1, 2, 3, 4$, $6, 12$ 중에서 5보다 큰 수인 $6, 12$입니다.

7 ❷ 연필과 볼펜을 학생들에게 똑같이 나누어 주어야 하므로 48과 54의 공약수를 구합니다.

2)48　54
3)24　27
　　8　　9 → 최대공약수: 2×3＝6

48과 54의 최대공약수는 6이므로
공약수는 1, 2, 3, 6입니다.
이 중에서 4보다 큰 수는 6이므로 학생 6명에게 나누어 주려고 합니다.

주의
볼펜이 4자루 남으므로 학생 수는 4보다 큰 수입니다.

8 귤이 59－3＝56(개), 사과가 10＋2＝12(개)이면 학생들에게 남김없이 똑같이 나누어 줄 수 있습니다.

2)56　12
2)28　　6
　　14　　3 → 최대공약수: 2×2＝4

56과 12의 최대공약수는 4이므로 공약수는 1, 2, 4입니다.
이 중에서 3보다 큰 수는 4이므로 학생 4명에게 나누어 주려고 합니다.

9 젤리가 65＋5＝70(개), 쿠키가 69－6＝63(개)이면 학생들에게 남김없이 똑같이 나누어 줄 수 있습니다.

7)70　63
　　10　　9 → 최대공약수: 7

70과 63의 최대공약수는 7이므로 공약수는 1, 7입니다.
이 중에서 6보다 큰 수는 7이므로 학생 7명에게 나누어 주려고 합니다.

유형 **05** 나누어지는 수 구하기

42쪽	1 ❶ 최소　❷18　目18		
	2 40	3	405
43쪽	4 ❶2　❷38　目38		
	5 49	6	104
44쪽	7 ❶5　❷185개　目185개		
	8 228개	9	362명

1 ❶ 6과 9로 나누어 모두 나누어떨어지는 수는 6과 9의 공배수이고, 6과 9의 공배수 중에서 가장 작은 수는 6과 9의 최소공배수입니다.

❷ 3)6　9
　　2　3 → 최소공배수: 3×2×3＝18

따라서 6과 9로 나누어 모두 나누어떨어지는 수 중에서 가장 작은 수는 18입니다.

2 10과 8로 나누어 모두 나누어떨어지는 수 중에서 가장 작은 수는 10과 8의 최소공배수입니다.

2)10　8
　　5　4 → 최소공배수: 2×5×4＝40

3 27과 45로 나누어 모두 나누어떨어지는 수는 27과 45의 공배수입니다.

3)27　45
3)　9　15
　　3　　5 → 최소공배수: 3×3×3×5＝135

따라서 27과 45의 공배수는 최소공배수의 배수와 같으므로 135, 270, 405, 540……이고
이 중에서 400과 500 사이의 수는 405입니다.

4 ❶ (어떤 수)－2를 18로 나누어도, 12로 나누어도 나누어떨어집니다.

❷ (어떤 수)－2는 18과 12의 공배수이므로
18과 12의 최소공배수를 구합니다.

2)18　12
3)　9　　6
　　3　　2 → 최소공배수: 2×3×3×2＝36

따라서 (어떤 수)－2가 될 수 있는 수 중에서 가장 작은 수는 36이므로
어떤 수가 될 수 있는 수 중에서 가장 작은 수는 36＋2＝38입니다.

5 (어떤 수)－1은 16과 24의 공배수이므로
16과 24의 최소공배수를 구합니다.

2)16　24
2)　8　12
2)　4　　6
　　2　　3 → 최소공배수: 2×2×2×2×3＝48

따라서 (어떤 수)－1이 될 수 있는 수 중에서 가장 작은 수는 48이므로 어떤 수가 될 수 있는 수 중에서 가장 작은 수는 48＋1＝49입니다.

6 (어떤 수)−4는 20과 25의 공배수이므로
20과 25의 최소공배수를 구합니다.

$5\,)\overline{\,20\ \ 25\,}$
$\qquad 4\ \ \ 5 \quad \rightarrow$ 최소공배수: $5 \times 4 \times 5 = 100$

따라서 (어떤 수)−4가 될 수 있는 수 중에서 가장 작은 수는 100이므로 어떤 수가 될 수 있는 수 중에서 가장 작은 수는 $100 + 4 = 104$입니다.

7 ❶ (골프공의 수)−5를 9로 나누어도, 12로 나누어도 나누어떨어집니다.

❷ (골프공의 수)−5는 9와 12의 공배수이므로
9와 12의 최소공배수를 구합니다.

$3\,)\overline{\,9\ \ 12\,}$
$\qquad 3\ \ \ 4 \quad \rightarrow$ 최소공배수: $3 \times 3 \times 4 = 36$

(골프공의 수)−5: 36, 72, 108, 144, 180, 216······
이 중에서 5를 더한 값이 150보다 크고 200보다 작은 수는 180이므로 골프공은 $180 + 5 = 185$(개)입니다.

8 (지우개의 수)−3은 5와 9의 공배수이고,
5와 9의 최소공배수는 $5 \times 9 = 45$이므로
(지우개의 수)−3: 45, 90, 135, 180, 225, 270······
이 중에서 3을 더한 값이 200보다 크고 250보다 작은 수는 225이므로 지우개는 $225 + 3 = 228$(개)입니다.

9 (학생 수)−2는 24와 30의 공배수이므로
24와 30의 최소공배수를 구합니다.

$2\,)\overline{\,24\ \ 30\,}$
$3\,)\overline{\,12\ \ 15\,}$
$\qquad 4\ \ \ 5 \quad \rightarrow$ 최소공배수: $2 \times 3 \times 4 \times 5 = 120$

(학생 수)−2: 120, 240, 360, 480······
이 중에서 2를 더한 값이 300보다 크고 400보다 작은 수는 360이므로 5학년 학생은 $360 + 2 = 362$(명)입니다.

유형 **06** 최대공약수와 최소공배수의 관계 활용

45쪽	**1** ❶5 / ▲: 3 ❷36 답36	
	2 80	**3** 54
46쪽	**4** ❶3 ❷42, 56 답42, 56	
	5 75, 30	**6** 144
47쪽	**7** ❶48 ❷16 ❸1, 2, 4, 8, 16	
	답1, 2, 4, 8, 16	
	8 1, 5, 25	**9** 84

---

1 ❶ 60과 어떤 수의 최소공배수가 180이므로
$12 \times 5 \times ▲ = 180$, $60 \times ▲ = 180$, $▲ = 3$

❷ $12 \times ▲ =$(어떤 수)이고 $▲ = 3$이므로
(어떤 수) $= 12 \times 3 = 36$입니다.

2 어떤 수와 140의 최소공배수가 560이므로
$20 \times ▲ \times 7 = 560$, $140 \times ▲ = 560$, $▲ = 4$
따라서 $20 \times ▲ =$(어떤 수)이고 $▲ = 4$이므로
(어떤 수) $= 20 \times 4 = 80$입니다.

3 $18\,)\overline{\,36\ \ \text{(어떤 수)}\,}$
$\qquad\ \ 2\ \ \ \ ▲$

36과 어떤 수의 최소공배수가 108이므로
$18 \times 2 \times ▲ = 108$, $36 \times ▲ = 108$, $▲ = 3$
따라서 $18 \times ▲ =$(어떤 수)이고 $▲ = 3$이므로
(어떤 수) $= 18 \times 3 = 54$입니다.

4 ❶ ㉮와 ㉯의 최소공배수가 168이므로
$14 \times ▲ \times 4 = 168$, $56 \times ▲ = 168$, $▲ = 3$

❷ ㉮ $= 14 \times ▲ = 14 \times 3 = 42$, ㉯ $= 14 \times 4 = 56$

5 ㉮와 ㉯의 최소공배수가 150이므로
$15 \times 5 \times ▲ = 150$, $75 \times ▲ = 150$, $▲ = 2$
따라서 ㉮ $= 15 \times 5 = 75$, ㉯ $= 15 \times ▲ = 15 \times 2 = 30$
입니다.

6 어떤 두 수를 ㉮, ㉯라고 하면
(㉠, ㉡의 공약수는 1이고 ㉠<㉡)

$24\,)\overline{\,㉮\ \ \ ㉯\,}$
$\qquad\ ㉠\ \ \ ㉡ \quad \rightarrow$ 최소공배수: $24 \times ㉠ \times ㉡ = 720$

$24 \times ㉠ \times ㉡ = 720$, $㉠ \times ㉡ = 30$이므로
(㉠, ㉡)은 (1, 30), (2, 15), (3, 10), (5, 6)입니다.
㉮ $= 24 \times 1 = 24$, ㉯ $= 24 \times 30 = 720$
$\rightarrow 720 - 24 = 696$
㉮ $= 24 \times 2 = 48$, ㉯ $= 24 \times 15 = 360$
$\rightarrow 360 - 48 = 312$
㉮ $= 24 \times 3 = 72$, ㉯ $= 24 \times 10 = 240$
$\rightarrow 240 - 72 = 168$
㉮ $= 24 \times 5 = 120$, ㉯ $= 24 \times 6 = 144$
$\rightarrow 144 - 120 = 24$
따라서 차가 24인 두 수는 120, 144이고 이 중 큰 수는 144입니다.

7 ❷ $768 =$(최대공약수)$\times 48$, (최대공약수)$= 16$
❸ 두 수의 공약수는 두 수의 최대공약수인 16의 약수와 같으므로 1, 2, 4, 8, 16입니다.

8 (두 수의 곱)=(최대공약수)×(최소공배수)이므로
1875=(최대공약수)×75, (최대공약수)=25
따라서 두 수의 공약수는 두 수의 최대공약수인 25의 약수와 같으므로 1, 5, 25입니다.

9 (두 수의 곱)=(최대공약수)×(최소공배수)이므로
147=7×(최소공배수), (최소공배수)=21
따라서 두 수의 공배수는 두 수의 최소공배수인 21의 배수와 같으므로 21, 42, 63, 84……이고 이 중에서 네 번째로 작은 수는 84입니다.

유형 **07** 최대공약수, 최소공배수의 활용① - 정사각형 만들기

48쪽	1 ❶ 최대	❷ 14 cm	❸ 132개	🈺 132개
	2 130개		3 15장	
49쪽	4 ❶ 최소	❷ 180 cm	❸ 30장	🈺 30장
	5 20장		6 56장	

1 ❷
$$2)\overline{168\quad154}$$
$$7)\overline{\;84\quad\;77}$$
$$\qquad12\quad\;11\;\to\text{최대공약수: }2\times7=14$$
따라서 가장 큰 정사각형의 한 변의 길이는 14 cm입니다.

❸ 정사각형을 가로로 168÷14=12(개), 세로로 154÷14=11(개)씩 모두 12×11=132(개) 만들 수 있습니다.

2 직사각형 모양의 종이를 가장 큰 정사각형 모양으로 잘라야 하므로 80과 104의 최대공약수를 이용합니다.
$$2)\overline{80\quad104}$$
$$2)\overline{40\quad\;52}$$
$$2)\overline{20\quad\;26}$$
$$\quad10\quad13\;\to\text{최대공약수: }2\times2\times2=8$$
따라서 가장 큰 정사각형의 한 변의 길이는 8 cm이므로 정사각형을 가로로 80÷8=10(개), 세로로 104÷8=13(개)씩 모두 10×13=130(개) 만들 수 있습니다.

3 직사각형 모양의 벽에 가능한 한 큰 정사각형 모양의 타일을 붙여야 하므로 125와 75의 최대공약수를 이용합니다.
$$5)\overline{125\quad75}$$
$$5)\overline{\;25\quad15}$$
$$\quad\;5\quad\;3\;\to\text{최대공약수: }5\times5=25$$
따라서 가장 큰 정사각형의 한 변의 길이는 25 cm이므로 정사각형 모양의 타일은 가로로 125÷25=5(장), 세로로 75÷25=3(장)씩 모두 5×3=15(장) 필요합니다.

4 ❷
$$2)\overline{30\quad36}$$
$$3)\overline{15\quad18}$$
$$\quad\;5\quad\;6\;\to\text{최소공배수: }2\times3\times5\times6=180$$
따라서 가장 작은 정사각형의 한 변의 길이는 180 cm입니다.

❸ 직사각형 모양의 종이는 가로로 180÷30=6(장), 세로로 180÷36=5(장)씩 모두 6×5=30(장) 필요합니다.

5 가장 작은 정사각형 모양을 만들어야 하므로 16과 20의 최소공배수를 이용합니다.
$$2)\overline{16\quad20}$$
$$2)\overline{\;8\quad10}$$
$$\quad4\quad\;5\;\to\text{최소공배수: }2\times2\times4\times5=80$$
따라서 가장 작은 정사각형의 한 변의 길이는 80 cm이므로 직사각형 모양의 종이는 가로로 80÷16=5(장), 세로로 80÷20=4(장)씩 모두 5×4=20(장) 필요합니다.

6 가장 작은 정사각형 모양을 만들어야 하므로 40과 35의 최소공배수를 이용합니다.
$$5)\overline{40\quad35}$$
$$\quad8\quad\;7\;\to\text{최소공배수: }5\times8\times7=280$$
따라서 가장 작은 정사각형의 한 변의 길이는 280 cm이므로 직사각형 모양의 타일은 가로로 280÷40=7(장), 세로로 280÷35=8(장)씩 모두 7×8=56(장) 필요합니다.

유형 **08** 최대공약수, 최소공배수의 활용② - 나무 심기

50쪽	1 ❶ 4 m	❷ 가로: 11그루, 세로: 8그루		
	❸ 34그루	🈺 34그루		
	2 38개		3 14개	
51쪽	4 ❶ 31그루	❷ 7그루	❸ 24그루	🈺 24그루
	5 40개		6 36개, 15개	

1 ❶ 나무를 가장 적게 심으려면 나무 사이의 간격은 가장 길어야 하므로 나무 사이의 간격이 40과 28의 최대공약수가 되어야 합니다.

$$
\begin{array}{r}
2\,)\underline{40\ \ 28}\\
2\,)\underline{20\ \ 14}\\
10\ \ \ \ 7
\end{array}
$$

→ 최대공약수: $2\times2=4$이므로
(나무 사이의 간격)$=4$ m입니다.

❷ $40\div4=10$이므로
가로 한쪽에는 $10+1=11$(그루)가 필요하고,
$28\div4=7$이므로
세로 한쪽에는 $7+1=8$(그루)가 필요합니다.

❸ (필요한 나무의 수)$=11+8+11+8-4$
$=34$(그루)

> **주의**
> 네 모퉁이에 중복되는 나무의 수는 뺍니다.

2 깃발을 가장 적게 꽂으려면 깃발 사이의 간격은 가장 길어야 하므로 깃발 사이의 간격이 35와 60의 최대공약수가 되어야 합니다.

$$
\begin{array}{r}
5\,)\underline{35\ \ 60}\\
7\ \ \ \ 12
\end{array}
$$

→ 최대공약수: 5이므로
(깃발 사이의 간격)$=5$ m입니다.
$35\div5=7$이므로 가로 한쪽에는 $7+1=8$(개)가 필요하고,
$60\div5=12$이므로 세로 한쪽에는 $12+1=13$(개)가 필요합니다.
⇨ (필요한 깃발의 수)$=8+13+8+13-4=38$(개)

> **다른 풀이**
> 직사각형을 일직선으로 풀어서 생각해 보면
> (깃발의 수)$=$(간격의 수)입니다.
>
>
>
> ⇨ (필요한 깃발의 수)
> $=$(둘레의 길이)$\div$(깃발 사이의 간격)
> $=(35+60+35+60)\div5=190\div5=38$(개)

3 말뚝을 될 수 있는 대로 적게 박으려면 말뚝 사이의 간격이 64와 48의 최대공약수가 되어야 합니다.

$$
\begin{array}{r}
2\,)\underline{64\ \ 48}\\
2\,)\underline{32\ \ 24}\\
2\,)\underline{16\ \ 12}\\
2\,)\underline{\ 8\ \ \ 6}\\
4\ \ \ \ 3
\end{array}
$$

→ 최대공약수: $2\times2\times2\times2=16$이므로
(말뚝 사이의 간격)$=16$ m입니다.

$64\div16=4$이므로 가로 한쪽에는 $4+1=5$(개)가 필요하고, $48\div16=3$이므로 세로 한쪽에는 $3+1=4$(개)가 필요합니다.
⇨ (필요한 말뚝의 수)$=5+4+5+4-4=14$(개)

4 ❶ 도로의 처음부터 끝까지 12 m 간격으로 은행나무를 심을 때 $360\div12=30$이므로 심을 수 있는 은행나무는 $30+1=31$(그루)입니다.

❷
$$
\begin{array}{r}
3\,)\underline{12\ \ 15}\\
4\ \ \ \ 5
\end{array}
$$

→ 최소공배수: $3\times4\times5=60$
두 나무가 겹치는 곳은 12와 15의 최소공배수인 60 m 간격이고, $360\div60=6$이므로
두 나무가 겹치는 곳에 심는 느티나무는 $6+1=7$(그루)입니다.

❸ (필요한 은행나무의 수)$=31-7=24$(그루)

5 도로의 처음부터 끝까지 4 m 간격으로 가로등을 세울 때 $200\div4=50$이므로 가로등은 $50+1=51$(군데)에 세울 수 있습니다.
가로수와 가로등이 겹치는 곳은 5와 4의 최소공배수인 $5\times4=20$ (m) 간격이고, $200\div20=10$이므로
가로수와 가로등이 겹치는 곳에 가로수는 $10+1=11$(군데)에 심습니다.
⇨ (필요한 가로등의 수)$=51-11=40$(개)

6 도로의 처음부터 끝까지 8 m 간격으로 가로등을 세울 때 $280\div8=35$이므로 세울 수 있는 가로등은 $35+1=36$(개),
도로의 처음부터 끝까지 14 m 간격으로 표지판을 세울 때 $280\div14=20$이므로 세울 수 있는 표지판은 $20+1=21$(개)입니다.

$$
\begin{array}{r}
2\,)\underline{8\ \ 14}\\
4\ \ \ \ 7
\end{array}
$$

→ 최소공배수: $2\times4\times7=56$
가로등과 표지판이 겹치는 곳은 8과 14의 최소공배수인 56 m 간격이고, $280\div56=5$이므로 가로등과 표지판이 겹치는 곳에 세우는 가로등은 $5+1=6$(개)입니다.
⇨ (필요한 가로등의 수)$=36$개
(필요한 표지판의 수)$=21-6=15$(개)

단원 **2 유형 마스터**

52쪽	**01** 27	**02** 792, 2052	**03** 3가지
53쪽	**04** 43개	**05** 10, 20	**06** 2556
54쪽	**07** 80	**08** 84개	**09** 12초 후
55쪽	**10** 939	**11** 434개	**12** 20그루

01 • 9의 배수: 9, 18, 27, 36, 45, 54, 63……
• 54의 약수: 1, 2, 3, 6, 9, 18, 27, 54
⇨ 15보다 크고 50보다 작은 자연수 중에서 9의 배수이고 54의 약수인 수는 18, 27이고,
이 중에서 홀수는 27입니다.

02 • 끝의 두 자리 수가 00이거나 4의 배수이면 4의 배수입니다.
→ 660 (○), 792 (○), 1780 (○), 2052 (○), 5346 (×)
• 각 자리 숫자의 합이 9의 배수이면 9의 배수입니다.
→ 660: $6+6+0=12$ (×)
792: $7+9+2=18$ (○)
1780: $1+7+8+0=16$ (×)
2052: $2+0+5+2=9$ (○)
5346: $5+3+4+6=18$ (○)
따라서 4의 배수도 되고 9의 배수도 되는 수는 792, 2052입니다.

03 45의 약수: 1, 3, 5, 9, 15, 45
사과를 6명보다 많은 학생들에게 나누어 주어야 하므로 45의 약수 중 6보다 큰 수를 찾으면 9, 15, 45입니다.
따라서 나누어 줄 수 있는 방법은 모두 3가지입니다.

04 • 1부터 199까지의 자연수 중에서 7의 배수의 개수:
$199\div7=28\cdots3$이므로 28개
• 1부터 500까지의 자연수 중에서 7의 배수의 개수:
$500\div7=71\cdots3$이므로 71개
⇨ 200부터 500까지의 자연수 중에서 7의 배수의 개수:
$71-28=43$(개)

05 어떤 수는 $125-5=120$과 $144-4=140$의 공약수 중에서 나머지 5보다 큰 수입니다.

```
2) 120  140
2)  60   70
5)  30   35
     6    7
```
→ 최대공약수: $2\times2\times5=20$
따라서 어떤 수가 될 수 있는 수는 20의 약수 1, 2, 4, 5, 10, 20 중에서 5보다 큰 수인 10, 20입니다.

06 4의 배수는 끝의 두 자리 수가 00이거나 4의 배수이어야 하므로 □552 또는 □556입니다.
3의 배수는 각 자리 숫자의 합이 3의 배수인 수입니다.
• □552일 때 □$+5+5+2=$□$+12$가 3의 배수가 되려면 □$=3, 6, 9$입니다. → 3552, 6552, 9552
• □556일 때 □$+5+5+6=$□$+16$이 3의 배수가 되려면 □$=2, 5, 8$입니다. → 2556, 5556, 8556
따라서 4의 배수도 되고 3의 배수도 되는 수 중에서 가장 작은 수는 2556입니다.

07
```
16) (어떤 수)  64
       ▲        4
```
어떤 수와 64의 최소공배수가 320이므로
$16\times$▲$\times4=320$, $64\times$▲$=320$, ▲$=5$
따라서 $16\times$▲$=$(어떤 수)이고 ▲$=5$이므로
(어떤 수)$=16\times5=80$입니다.

다른 풀이
(두 수의 곱)$=$(최대공약수)$\times$(최소공배수)이므로
(어떤 수)$\times64=16\times320$, (어떤 수)$\times64=5120$,
(어떤 수)$=80$

08 직사각형 모양의 종이를 가장 큰 정사각형 모양으로 잘라야 하므로 105와 180의 최대공약수를 이용합니다.
```
3) 105  180
5)  35   60
     7   12
```
→ 최대공약수: $3\times5=15$
따라서 가장 큰 정사각형의 한 변의 길이는 15 cm이므로 정사각형을 가로로 $105\div15=7$(개), 세로로 $180\div15=12$(개)씩 모두 $7\times12=84$(개) 만들 수 있습니다.

09 주황색 전구는 $4+2=6$(초)마다 켜지고, 초록색 전구는 $3+1=4$(초)마다 켜집니다.
```
2) 6  4
   3  2
```
→ 최소공배수: $2\times3\times2=12$
6과 4의 최소공배수는 12이므로 두 전구가 바로 다음 번에 동시에 켜지는 시각은 12초 후입니다.

10 (어떤 수)-3은 24와 36의 공배수이므로 24와 36의 최소공배수를 구합니다.
```
2) 24  36
2) 12  18
3)  6   9
    2   3
```
→ 최소공배수: $2\times2\times3\times2\times3=72$
(어떤 수)-3이 될 수 있는 수 중에서 가장 작은 수는 72이고 (어떤 수)-3의 배수를 작은 수부터 차례로 쓰면 72, 144, 216, 288, 360……936, 1008……입니다.
따라서 어떤 수가 될 수 있는 수 중에서 가장 큰 세 자리 수는 $936+3=939$입니다.

- 1부터 500까지의 자연수 중에서 9의 배수의 개수:
  $500 \div 9 = 55 \cdots 5$이므로 55개
- 1부터 500까지의 자연수 중에서 30의 배수의 개수:
  $500 \div 30 = 16 \cdots 20$이므로 16개

9와 30의 공배수는 9와 30의 최소공배수의 배수를 구합니다.

$$3\,)\,\underline{9\quad 30}$$
$$3\quad 10 \quad \rightarrow 최소공배수: 3 \times 3 \times 10 = 90$$

- 1부터 500까지의 자연수 중에서 90의 배수의 개수:
  $500 \div 90 = 5 \cdots 50$이므로 5개
⇨ 1부터 500까지의 자연수 중에서 9의 배수도 아니고 30의 배수도 아닌 수는 모두
  $500 - 55 - 16 + 5 = 434$(개)입니다.

주의

$500 - (9의 배수의 개수) - (30의 배수의 개수)$를 계산하면
9와 30의 공배수는 두 번 빼는 것이므로
1부터 500까지의 자연수 중에서
9의 배수도 아니고 30의 배수도 아닌 수는
$500 - (9의 배수의 개수) - (30의 배수의 개수)$
$+ (9와 30의 공배수의 개수)$로 구합니다.

12 도로의 처음부터 끝까지 15 m 간격으로 단풍나무를 심을 때 $600 \div 15 = 40$이므로 심을 수 있는 단풍나무는 $40 + 1 = 41$(그루)입니다.

$$5\,)\,\underline{15\quad 10}$$
$$3\quad 2 \quad \rightarrow 최소공배수: 5 \times 3 \times 2 = 30$$

두 나무가 겹치는 곳은 15와 10의 최소공배수인 30 m 간격이고, $600 \div 30 = 20$이므로
두 나무가 겹치는 곳에 심는 은행나무는
$20 + 1 = 21$(그루)입니다.
⇨ (필요한 단풍나무의 수)$= 41 - 21 = 20$(그루)

3 규칙과 대응

	유형 01 두 양 사이의 대응 관계
58쪽	**1** ❶ $+$에 ○표, 5 ❷ (왼쪽에서부터) 14, 16
	식 예 ■$=$●$+5$(또는 ●$=$■-5) / (왼쪽에서부터) 14, 16
	2 예 ○$=$△$\div 4$(또는 △$=$○$\times 4$) / (왼쪽에서부터) 20, 7
	3 (위에서부터) 8, 10, 12, 4, 10, 16 / 88
59쪽	**4** ❶ 2, 2, 2 ❷ 2, 1 **식** 예 ★$\times 2 - 1$
	5 예 □$\times 3 + 1$ **6** 68
60쪽	**7** ❶ 3, 1 ❷ 35 **답** 35
	8 31 **9** 30

1 ❶ ●$=3$일 때 ■$=8$, ●$=5$일 때 ■$=10$,
●$=7$일 때 ■$=12$이므로 ■는 ●보다 5 큽니다.
→ ■$=$●$+5$(또는 ●$=$■-5)

❷ ●$=9$일 때 ■$=9+5=14$
■$=21$일 때 ●$+5=21$이므로 ●$=16$

2 △$=8$일 때 ○$=2$, △$=12$일 때 ○$=3$,
△$=16$일 때 ○$=4$이므로 ○는 △를 4로 나눈 몫입니다.
→ ○$=$△$\div 4$(또는 △$=$○$\times 4$)
○$=5$일 때 △$\div 4 = 5$이므로 △$=20$
△$=28$일 때 ○$=28 \div 4 = 7$

3 □$=2$일 때 ☆$=6$, □$=4$일 때 ☆$=12$,
□$=6$일 때 ☆$=18$이므로 ☆은 □의 3배입니다.
→ ☆$=$□$\times 3$(또는 □$=$☆$\div 3$)
☆$=24$일 때 △$=22$, ☆$=30$일 때 △$=28$,
☆$=36$일 때 △$=34$이므로 △는 ☆보다 2 작습니다.
→ △$=$☆-2(또는 ☆$=$△$+2$)
□와 ☆ 사이의 대응 관계와 ☆과 △ 사이의 대응 관계를 이용하여 표를 완성하면

□	2	4	6	8	10	12	……
☆	6	12	18	24	30	36	……
△	4	10	16	22	28	34	……

($\div 3$, -2 표시)

따라서 □$=30$일 때 ☆$=30 \times 3 = 90$이고,
☆$=90$일 때 △$=90 - 2 = 88$입니다.

4 ❶ ★이 1씩 커질 때마다 ●는 2씩 커지므로 ★$\times 2$와 ●가 같아지도록 더하거나 빼는 수를 찾습니다.

❷ $1 = 1 \times 2 - 1$, $3 = 2 \times 2 - 1$, $5 = 3 \times 2 - 1 \cdots$이므로 ●$=$★$\times 2 - 1$입니다.

5 □가 1씩 커질 때마다 ♡는 3씩 커지므로 □×3과 ♡가 같아지도록 더하거나 빼는 수를 찾습니다.

→ 4=1×3+1, 7=2×3+1, 10=3×3+1……이므로 □와 ♡ 사이의 대응 관계를 식으로 나타내면 ♡=□×3+1입니다.

6 ♧가 2씩 커질 때마다 ▽는 4씩 커지므로 ♧가 1씩 커질 때마다 ▽는 2씩 커집니다.

→ 8=3×2+2, 12=5×2+2, 16=7×2+2…… 이므로 ♧와 ▽ 사이의 대응 관계를 식으로 나타내면 ▽=♧×2+2입니다.

따라서 ♧=33일 때 ▽=33×2+2=68입니다.

7 ❶ ●가 2씩 커질 때마다 ■는 6씩 커지므로 ●×3과 ■가 같아지도록 더하거나 빼는 수를 찾습니다.

→ 14=5×3−1, 20=7×3−1, 26=9×3−1 이므로 ■=●×3−1입니다.

❷ 12×3−1=35라고 답해야 합니다.

8 승희가 말하는 수를 ○, 태규가 답하는 수를 □라고 할 때 ○와 □ 사이의 대응 관계를 표로 나타내어 알아보면

○	4	6	8
□	9	13	17

○가 2씩 커질 때마다 □는 4씩 커지므로 □=○×2+1입니다.

⇨ 승희가 15라고 말하면 태규는 15×2+1=31이라고 답해야 합니다.

9 2 → 4=2×2, 4 → 16=4×4, 7 → 49=7×7에서 □ → 900=□×□의 규칙이 있습니다.

⇨ 30×30=900이므로 □에 알맞은 수는 30입니다.

유형 02 규칙적으로 늘어놓은 모양에서 대응 관계

61쪽	**1** ❶ 16, 20 / 4 ❷ 60개 ❸ 16, 20 / 60개
	2 12, 15 / 33개
62쪽	**3** ❶ 5, 6 / 1 ❷ 21개 ❸ 5, 6 / 21개
	4 6, 7 / 16개 **5** 20개
63쪽	**6** ❶ 13, 16 / 1, 3 ❷ 40개 ❸ 13, 16 / 40개
	7 17, 21 / 41개 **8** 30개

---

1 ❶ ▲는 ■의 4배이므로 ▲=■×4입니다.

❷ ■=15일 때 ▲=15×4=60이므로 15째에 필요한 삼각형 조각은 60개입니다.

2 배열 순서를 □, 구슬의 수를 △라고 하면 △는 □의 3배이므로 △=□×3입니다.

⇨ □=11일 때 △=11×3=33이므로 11째에 필요한 구슬은 33개입니다.

3 ❶ ▲는 ■보다 1 크므로 ▲=■+1입니다.

❷ ■=20일 때 ▲=20+1=21이므로 초록색 단추가 20개일 때 보라색 단추는 21개 필요합니다.

4 파란색 타일의 수를 □, 노란색 타일의 수를 △라고 하면 △는 □보다 2 크므로 △=□+2입니다.

⇨ □=14일 때 △=14+2=16이므로 파란색 타일이 14개일 때 노란색 타일은 16개 필요합니다.

5

검은색 바둑돌의 수(개)	1	2	3	4	5	……
흰색 바둑돌의 수(개)	4	5	6	7	8	……

검은색 바둑돌의 수를 □, 흰색 바둑돌의 수를 △라고 하면 △는 □보다 3 크므로 △=□+3입니다.

⇨ △=23일 때 23=□+3, □=20이므로 흰색 바둑돌이 23개일 때 검은색 바둑돌은 20개 필요합니다.

6 ❶ ■가 1씩 커질 때마다 ▲는 3씩 커지므로 ■와 ▲ 사이의 대응 관계를 식으로 나타내면 ▲=1+■×3입니다.

❷ ■=13일 때 ▲=1+13×3=40이므로 정사각형을 13개 만들 때 필요한 성냥개비는 40개입니다.

7 정오각형의 수를 □, 성냥개비의 수를 △라고 하면 □가 1씩 커질 때마다 △는 4씩 커지므로 △=1+□×4입니다.

⇨ □=10일 때 △=1+10×4=41이므로 정오각형을 10개 만들 때 필요한 성냥개비는 41개입니다.

참고
□와 △ 사이의 대응 관계는 △=□×4+1, △=1+4×□, △=4×□+1 등으로 나타낼 수 있습니다.

정삼각형의 수(개)	1	2	3	4	5	⋯⋯
성냥개비의 수(개)	3	5	7	9	11	⋯⋯

정삼각형의 수를 □, 성냥개비의 수를 △라고 하면
□가 1씩 커질 때마다 △는 2씩 커지므로
△=1+□×2입니다.
⇨ △=61일 때 61=1+□×2, □×2=60, □=30
이므로 성냥개비 61개로 만들 수 있는 정삼각형은 30
개입니다.

유형 03 실생활 속 대응 관계 알아보기

64쪽
1 ❶ 오전 5시, 오전 6시 / 8   ❷ 오전 11시
   답 오전 5시, 오전 6시 / 오전 11시

2 오전 6시, 오전 7시 / 오후 3시

3 낮 12시, 오후 1시 / 5월 11일 오전 1시

65쪽
4 ❶ 16, 20 / 4, 4   ❷ 44명   답 44명

5 20명   6 9개

66쪽
7 ❶ 7, 9 / 2   ❷ 25도막   답 25도막

8 28도막

---

1 ❶ 파리의 시각은 서울의 시각보다
   오전 11시−오전 3시=8시간 느리므로
   (파리의 시각)=(서울의 시각)−8입니다.
   ❷ 서울이 오후 7시일 때
   (파리의 시각)=오후 7시−8시간
   　　　　　　　=오전 11시입니다.

2 두바이의 시각은 서울의 시각보다
   오전 9시−오전 4시=5시간 느리므로
   (두바이의 시각)=(서울의 시각)−5입니다.
   ⇨ 서울이 오후 8시일 때
   (두바이의 시각)=오후 8시−5시간
   　　　　　　　　=오후 3시입니다.

3 방콕의 시각은 서울의 시각보다
   낮 12시−오전 10시=2시간 느리므로
   (방콕의 시각)=(서울의 시각)−2입니다.
   ⇨ 서울의 시각은 방콕의 시각보다 2시간 빠르므로
   방콕이 5월 10일 오후 11시일 때
   (서울의 시각)=5월 10일 오후 11시+2시간
   　　　　　　　=5월 11일 오전 1시입니다.

4 ❶ ■가 1씩 커질 때마다 ▲는 4씩 커지므로
   ■와 ▲ 사이의 대응 관계를 식으로 나타내면
   ▲=4+■×4입니다.
   ❷ ■=10일 때 ▲=4+10×4=44이므로
   탁자를 10개 이어 붙였을 때 앉을 수 있는 사람은 모
   두 44명입니다.

5 탁자 수를 □, 앉을 수 있는 사람 수를 △라고 하여 □와
   △ 사이의 대응 관계를 표로 나타내어 알아보면

□	1	2	3	4	⋯⋯
△	6	8	10	12	⋯⋯

   　　4+1×2 4+2×2 4+3×2 4+4×2
   □가 1씩 커질 때마다 △는 2씩 커지므로
   △=4+□×2입니다.
   ⇨ □=8일 때 △=4+8×2=20이므로 탁자를 8개 이
   어 붙였을 때 앉을 수 있는 사람은 모두 20명입니다.

6 탁자 수를 □, 의자 수를 △라고 하여 □와 △ 사이의 대
   응 관계를 표로 나타내어 알아보면

□	1	2	3	4	⋯⋯
△	4	6	8	10	⋯⋯

   　　2+1×2 2+2×2 2+3×2 2+4×2
   □가 1씩 커질 때마다 △는 2씩 커지므로
   △=2+□×2입니다.
   ⇨ △=20일 때 20=2+□×2, □×2=18, □=9이
   므로 20명이 앉으려면 탁자는 모두 9개 필요합니다.

7 ❶ ■가 1씩 커질 때마다 ▲는 2씩 커지므로
   ■와 ▲ 사이의 대응 관계를 식으로 나타내면
   ▲=■×2+1입니다.
   ❷ ■=12일 때 ▲=12×2+1=25이므로
   철사를 점선을 따라 12번 잘랐을 때 나누어진 철사
   는 25도막입니다.

8 자른 횟수를 □, 도막 수를 △라고 하여 □와 △ 사이의
   대응 관계를 표로 나타내어 알아보면

□	1	2	3	4	⋯⋯
△	4	7	10	13	⋯⋯

   　　1×3+1 2×3+1 3×3+1 4×3+1
   □가 1씩 커질 때마다 △는 3씩 커지므로
   △=□×3+1입니다.
   ⇨ □=9일 때 △=9×3+1=28이므로
   털실을 점선을 따라 9번 잘랐을 때 나누어진 털실은
   28도막입니다.

67쪽

1 ❶ 예 ★＝▲＋4(또는 ▲＝★－4) ❷ 21살

식 예 ★＝▲＋4(또는 ▲＝★－4) 답 21살

2 식 예 ☆＝△－3(또는 △＝☆＋3) / 17살

3 식 예 ☆＝△＋25(또는 △＝☆－25) / 40살

68쪽

4 ❶ 11, 13 / 2 ❷ 19 cm

식 예 ★＝5＋▲×2 답 19 cm

5 식 예 ☆＝10＋△×3 / 37 cm

6 식 예 ☆＝6＋△×4 / 8개

69쪽

7 ❶ 488, 484 / 4 ❷ 440 L

식 예 ★＝500－▲×4 답 440 L

8 식 예 ☆＝400－△×3 / 370 L

9 식 예 ☆＝600－△×5 / 12분 후

1 ❶ 아버지는 어머니보다 43－39＝4(살) 더 많으므로
▲와 ★ 사이의 대응 관계를 식으로 나타내면
★＝▲＋4(또는 ▲＝★－4)입니다.

❷ ▲＝17일 때 ★＝17＋4＝21이므로
어머니가 17살이었을 때 아버지는 21살이었습니다.

2 동생은 세준이보다 12－9＝3(살) 더 적습니다.
세준이의 나이를 △, 동생의 나이를 ☆이라고 할 때
두 양 사이의 대응 관계를 식으로 나타내면
☆＝△－3(또는 △＝☆＋3)입니다.
△＝20일 때 ☆＝20－3＝17이므로
세준이가 20살이 될 때 동생은 17살이 됩니다.

3 (올해 건호의 나이)＝6＋2＝8(살)이므로
이모는 건호보다 33－8＝25(살) 더 많습니다.
건호의 나이를 △, 이모의 나이를 ☆이라고 할 때
두 양 사이의 대응 관계를 식으로 나타내면
☆＝△＋25(또는 △＝☆－25)입니다.
△＝15일 때 ☆＝15＋25＝40이므로
건호가 15살이 될 때 이모는 40살이 됩니다.

4 ❶ ▲가 1씩 커질 때마다 ★은 2씩 커지므로
▲와 ★ 사이의 대응 관계를 식으로 나타내면
★＝5＋▲×2입니다.

❷ ▲＝7일 때 ★＝5＋7×2＝19이므로
10 g짜리 추를 7개 매달면 늘어난 용수철의 전체 길
이는 19 cm가 됩니다.

5 △와 ☆ 사이의 대응 관계를 표로 나타내어 알아보면

△	0	1	2	3	4	……
☆	10	13	16	19	22	……

△가 1씩 커질 때마다 ☆은 3씩 커지므로 △와 ☆ 사이의
대응 관계를 식으로 나타내면 ☆＝10＋△×3입니다.
⇨ △＝9일 때 ☆＝10＋9×3＝37이므로
20 g짜리 추를 9개 매달면 늘어난 용수철의 전체 길
이는 37 cm가 됩니다.

6 △와 ☆ 사이의 대응 관계를 표로 나타내어 알아보면

△	0	1	2	3	4	……
☆	6	10	14	18	22	……

△가 1씩 커질 때마다 ☆은 4씩 커지므로 △와 ☆ 사이의
대응 관계를 식으로 나타내면 ☆＝6＋△×4입니다.
⇨ ☆＝38일 때 38＝6＋△×4, △×4＝32, △＝8이
므로 늘어난 용수철의 전체 길이가 38 cm일 때
50 g짜리 추를 8개 매단 것입니다.

7 ❶ ▲가 1씩 커질 때마다 ★은 4씩 작아지므로
▲와 ★ 사이의 대응 관계를 식으로 나타내면
★＝500－▲×4입니다.

❷ ▲＝15일 때 ★＝500－15×4＝440이므로
물을 사용한 지 15분 후에 물탱크에 남아 있는 물은
440 L입니다.

8 △와 ☆ 사이의 대응 관계를 표로 나타내어 알아보면

△	0	1	2	3	4	……
☆	400	397	394	391	388	……

△가 1씩 커질 때마다 ☆은 3씩 작아지므로 △와 ☆ 사이의
대응 관계를 식으로 나타내면 ☆＝400－△×3입니다.
⇨ △＝10일 때 ☆＝400－10×3＝370이므로 물을 사
용한 지 10분 후에 물탱크에 남아 있는 물은 370 L입
니다.

9 △와 ☆ 사이의 대응 관계를 표로 나타내어 알아보면

△	0	1	2	3	4	……
☆	600	595	590	585	580	……

△가 1씩 커질 때마다 ☆은 5씩 작아지므로 △와 ☆ 사이의
대응 관계를 식으로 나타내면 ☆＝600－△×5입니다.
⇨ ☆＝540일 때 540＝600－△×5, △×5＝60,
△＝12이므로 물탱크에 남아 있는 물이 540 L가 될
때는 물을 사용한 지 12분 후입니다.

단원 3 유형 마스터

70쪽	**01** 예) ○×2＋1		**02** 90
	03 9		
71쪽	**04** 400개	**05** 33개	**06** 10분 후
72쪽	**07** 28살	**08** 20개	**09** 45분
73쪽	**10** 57 cm	**11** 6 km	**12** 100개

01 ○가 1씩 커질 때마다 △는 2씩 커지므로 ○×2와 △가 같아지도록 더하거나 빼는 수를 찾습니다.
→ 3＝1×2＋1, 5＝2×2＋1, 7＝3×2＋1,
9＝4×2＋1……이므로
○와 △ 사이의 대응 관계를 식으로 나타내면
△＝○×2＋1입니다.

02 ○＝5일 때 △＝2, ○＝6일 때 △＝3,
○＝7일 때 △＝4……이므로 △는 ○보다 3 작습니다.
→ △＝○－3(또는 ○＝△＋3)
△＝2일 때 ☆＝8, △＝3일 때 ☆＝12,
△＝4일 때 ☆＝16……이므로 ☆은 △의 4배입니다.
→ ☆＝△×4(또는 △＝☆÷4)
⇨ ○＝21일 때 △＝21－3＝18이고,
△＝18일 때 ☆＝18×4＝72이므로
△＋☆＝18＋72＝90입니다.

03 영준이가 내는 수를 ○, 나림이가 내는 수를 △라고 할 때 ○와 △ 사이의 대응 관계를 표로 나타내어 알아보면

○	12	30	42	
△	2	5	7	÷6

△는 ○를 6으로 나눈 몫입니다.
→ △＝○÷6(또는 ○＝△×6)
⇨ ○＝54일 때 △＝54÷6＝9이므로
영준이가 54가 쓰인 수 카드를 낸다면 나림이는 9가 쓰인 수 카드를 내야 합니다.

04 배열 순서를 ○, 정사각형 조각의 수를 △라고 하여 ○와 △ 사이의 대응 관계를 표로 나타내어 알아보면

○	1	2	3	4	……
△	1	4	9	16	……

△는 ○를 2번 곱한 것과 같으므로 △＝○×○입니다.
⇨ ○＝20일 때 △＝20×20＝400이므로 20째에 필요한 정사각형 조각은 400개입니다.

05 정사각형의 수를 ○, 성냥개비의 수를 △라고 하여 ○와 △ 사이의 대응 관계를 표로 나타내면

○	1	2	3	4	……
△	4	7	10	13	……

○가 1씩 커질 때마다 △는 3씩 커지므로
△＝○×3＋1입니다.
⇨ △＝100일 때 100＝○×3＋1, ○×3＝99,
○＝33이므로 성냥개비 100개로 만들 수 있는 정사각형은 33개입니다.

06 수도꼭지를 틀어 놓은 시간을 ○(분), 물통에 담긴 물의 양을 △(L)라고 하여 ○와 △ 사이의 대응 관계를 표로 나타내어 알아보면

○	0	1	2	3	4	……
△	5	7	9	11	13	……

○가 1씩 커질 때마다 △는 2씩 커지므로
△＝5＋○×2입니다.
⇨ △＝25일 때 25＝5＋○×2, ○×2＝20, ○＝10
이므로 물통에 담긴 물이 25 L가 될 때는 수도꼭지를 틀어 놓은 지 10분 후입니다.

07 2019년에 보라는 8살이었으므로 2년 뒤인 2021년에는
8＋2＝10(살)입니다.
42－10＝32이므로
(보라의 나이)＝(아버지의 나이)－32입니다.
따라서 아버지가 60살이 될 때
(보라의 나이)＝60－32＝28(살)이 됩니다.

08 도화지의 수를 ○, 누름 못의 수를 △라고 하여 ○와 △ 사이의 대응 관계를 표로 나타내어 알아보면

○	1	2	3	4	……
△	4	6	8	10	……

○가 1씩 커질 때마다 △는 2씩 커지므로
△＝○×2＋2입니다.
⇨ ○＝9일 때 △＝9×2＋2＝20이므로
도화지 9장을 붙이려면 누름 못은 20개 필요합니다.

09 통나무를 자른 횟수와 도막의 수 사이의 대응 관계를 표로 나타내어 알아보면

자른 횟수(번)	1	2	3	4	5	……
도막의 수(도막)	2	3	4	5	6	……

통나무를 자른 횟수와 통나무 도막의 수 사이의 대응 관계를 식으로 나타내면
(통나무를 자른 횟수)＝(통나무 도막의 수)－1입니다.

⇨ 통나무를 10도막으로 자르려면 10−1＝9(번) 잘라야 하므로

(통나무를 10도막으로 자르는 데 걸리는 시간)
＝5×9＝45(분)

10 색 테이프의 수와 겹친 부분의 수 사이의 대응 관계를 표로 나타내어 알아보면

색 테이프의 수(장)	2	3	4	5	……
겹친 부분의 수(군데)	1	2	3	4	……

색 테이프의 수와 겹친 부분의 수 사이의 대응 관계를 식으로 나타내면

(색 테이프의 수)＝(겹친 부분의 수)＋1입니다.

⇨ 색 테이프가 10번 겹쳐졌다면

(색 테이프의 수)＝10＋1＝11(장)이므로

(이어 붙인 색 테이프의 전체 길이)
＝7×11−2×10
＝77−20＝57(cm)

11 지면으로부터의 높이를 ○(km), 그 지점의 온도를 △(℃)라고 하여 ○와 △ 사이의 대응 관계를 표로 나타내어 알아보면

○	0	1	2	3	4	……
△	37	31	25	19	13	……

○가 1씩 커질 때마다 △는 6씩 작아지므로
△＝37−○×6입니다.

⇨ △＝1일 때 1＝37−○×6, ○×6＝36, ○＝6이므로 지면의 온도가 37 ℃일 때 온도가 1 ℃가 되는 지점은 지면으로부터 높이가 6 km입니다.

12

배열 순서	1	2	3	4	……
검은색 바둑돌의 수(개)	1	1	6	6	……
흰색 바둑돌의 수(개)	0	3	3	10	……
검은색 바둑돌의 수와 흰색 바둑돌의 수의 차(개)	1	2	3	4	……

배열 순서를 ○, 검은색 바둑돌의 수와 흰색 바둑돌의 수의 차를 △라고 하면 △＝○입니다.

⇨ ○＝100일 때 △＝100이므로

100째에 놓일 바둑돌에서 검은색 바둑돌의 수와 흰색 바둑돌의 수의 차는 100개입니다.

4 약분과 통분

유형 **01** 약분, 기약분수

76쪽 **1** ❶ $\frac{1}{15}$, $\frac{2}{15}$, $\frac{3}{15}$, $\frac{4}{15}$, $\frac{5}{15}$, $\frac{6}{15}$, $\frac{7}{15}$, $\frac{8}{15}$, $\frac{9}{15}$, $\frac{10}{15}$, $\frac{11}{15}$, $\frac{12}{15}$, $\frac{13}{15}$, $\frac{14}{15}$

❷ 1, 2, 4, 7, 8, 11, 13, 14

❸ 4 답 4

2 3   **3** 4

77쪽 **4** ❶ $\frac{9}{10}$ / $\frac{9}{11}$, $\frac{10}{11}$ / $\frac{9}{12}$, $\frac{10}{12}$, $\frac{11}{12}$

❷ $\frac{9}{10}$, $\frac{9}{11}$, $\frac{10}{11}$, $\frac{11}{12}$

답 $\frac{9}{10}$, $\frac{9}{11}$, $\frac{10}{11}$, $\frac{11}{12}$

5 $\frac{5}{6}$, $\frac{5}{7}$, $\frac{6}{7}$, $\frac{5}{8}$, $\frac{7}{8}$ **6** 8개

78쪽 **7** ❶ 3 ❷ 14개 ❸ 24개 답 24개

8 40개   **9** 78

1 ❷ 분자 1, 2, 3……11, 12, 13, 14 중에서 분모 15와 공약수가 1뿐인 수는 1, 2, 4, 7, 8, 11, 13, 14입니다.

❸ $\frac{1}{15}＋\frac{2}{15}＋\frac{4}{15}＋\frac{7}{15}＋\frac{8}{15}＋\frac{11}{15}＋\frac{13}{15}＋\frac{14}{15}$

$＝\frac{60}{15}＝4$

2 분모가 14인 진분수는 $\frac{1}{14}$, $\frac{2}{14}$, $\frac{3}{14}$……$\frac{11}{14}$, $\frac{12}{14}$, $\frac{13}{14}$ 입니다.

분자 1, 2, 3……11, 12, 13 중에서 분모 14와 공약수가 1뿐인 수는 1, 3, 5, 9, 11, 13입니다.

⇨ 분모가 14인 진분수 중에서 기약분수들의 합:

$\frac{1}{14}＋\frac{3}{14}＋\frac{5}{14}＋\frac{9}{14}＋\frac{11}{14}＋\frac{13}{14}$

$＝\frac{42}{14}＝3$

3 분모가 20인 진분수는 $\frac{1}{20}$, $\frac{2}{20}$, $\frac{3}{20}$……$\frac{17}{20}$, $\frac{18}{20}$, $\frac{19}{20}$ 입니다.

분자 1, 2, 3……17, 18, 19 중에서 분모 20과 공약수가 1뿐인 수는 1, 3, 7, 9, 11, 13, 17, 19입니다.

⇨ 분모가 20인 진분수 중에서 기약분수들의 합:

$$\frac{1}{20}+\frac{3}{20}+\frac{7}{20}+\frac{9}{20}+\frac{11}{20}+\frac{13}{20}+\frac{17}{20}+\frac{19}{20}$$
$$=\frac{80}{20}=4$$

4 ❶ ・분모가 10일 때 만들 수 있는 진분수: $\frac{9}{10}$

・분모가 11일 때 만들 수 있는 진분수: $\frac{9}{11},\frac{10}{11}$

・분모가 12일 때 만들 수 있는 진분수:
$$\frac{9}{12},\frac{10}{12},\frac{11}{12}$$

❷ 기약분수는 분모와 분자의 공약수가 1뿐이어야 하므로 만들 수 있는 기약분수는 $\frac{9}{10},\frac{9}{11},\frac{10}{11},\frac{11}{12}$입니다.

5 5, 6, 7, 8 중에서 2개를 골라 진분수를 만들 때 분모가 될 수 있는 수는 6, 7, 8입니다.

・분모가 6일 때 만들 수 있는 진분수: $\frac{5}{6}$

・분모가 7일 때 만들 수 있는 진분수: $\frac{5}{7},\frac{6}{7}$

・분모가 8일 때 만들 수 있는 진분수: $\frac{5}{8},\frac{6}{8},\frac{7}{8}$

기약분수는 분모와 분자의 공약수가 1뿐이어야 하므로 만들 수 있는 기약분수는 $\frac{5}{6},\frac{5}{7},\frac{6}{7},\frac{5}{8},\frac{7}{8}$입니다.

6 11, 12, 13, 14, 15 중에서 2개를 골라 진분수를 만들 때 분모가 될 수 있는 수는 12, 13, 14, 15입니다.
기약분수는 분모와 분자의 공약수가 1뿐이어야 하므로

・분모가 12일 때 만들 수 있는 기약분수: $\frac{11}{12}$ → 1개

・분모가 13일 때 만들 수 있는 기약분수:
$$\frac{11}{13},\frac{12}{13}$$ → 2개

・분모가 14일 때 만들 수 있는 기약분수:
$$\frac{11}{14},\frac{13}{14}$$ → 2개

・분모가 15일 때 만들 수 있는 기약분수:
$$\frac{11}{15},\frac{13}{15},\frac{14}{15}$$ → 3개

따라서 만들 수 있는 기약분수는 모두
$1+2+2+3=8$(개)입니다.

7 ❶ $39=3\times13$이므로 분자가 3의 배수 또는 13의 배수이면 약분이 되므로 기약분수가 아닙니다.

❷ ・1부터 38까지의 자연수 중에서 3의 배수의 개수:
$38\div3=12\cdots2$이므로 12개
・1부터 38까지의 자연수 중에서 13의 배수의 개수:
$38\div13=2\cdots12$이므로 2개
따라서 약분이 되는 분수는 $12+2=14$(개)입니다.

❸ 기약분수는 모두 $38-14=24$(개)입니다.

8 $55=5\times11$이므로 분자가 5의 배수 또는 11의 배수이면 약분이 되므로 기약분수가 아닙니다.

・1부터 54까지의 자연수 중에서 5의 배수의 개수:
$54\div5=10\cdots4$이므로 10개
・1부터 54까지의 자연수 중에서 11의 배수의 개수:
$54\div11=4\cdots10$이므로 4개
따라서 약분이 되는 분수가 $10+4=14$(개)이므로 기약분수는 모두 $54-14=40$(개)입니다.

9 분자가 8의 배수일 때 자연수가 됩니다.
1부터 100까지의 자연수 중에서 8의 배수:
$8, 16, 24\cdots\cdots80, 88, 96$
⇨ (약분하여 자연수가 되는 분수들의 합)
$$=\frac{8}{8}+\frac{16}{8}+\frac{24}{8}\cdots\cdots\frac{80}{8}+\frac{88}{8}+\frac{96}{8}$$
$$=1+2+3\cdots\cdots10+11+12=78$$

	유형 **02** 크기가 같은 분수 만들기	
79쪽	**1** ❶ $36, \frac{8}{36}$ ❷ 6 🔲 6	
	2 40	**3** 35
80쪽	**4** ❶ $8, \frac{8}{10}$ ❷ 40 🔲 40	
	5 27	**6** 56
81쪽	**7** ❶ 17 / 7 ❷ $\frac{21}{28}$ ❸ 4 🔲 4	
	8 5	**9** 3

1 ❶ 분모: $9+27=36$이므로
분모가 36이면서 $\frac{2}{9}$와 크기가 같은 분수는
$\frac{2}{9}=\frac{2\times4}{9\times4}=\frac{8}{36}$입니다.

❷ $\dfrac{2}{9}$의 분모에 27을 더했을 때

분자에 8−2=6을 더해야 분수의 크기가 변하지 않습니다.

2 분모: 6＋48＝54이므로

분모가 54이면서 $\dfrac{5}{6}$와 크기가 같은 분수는

$\dfrac{5}{6}=\dfrac{5\times9}{6\times9}=\dfrac{45}{54}$입니다.

따라서 $\dfrac{5}{6}$의 분모에 48을 더했을 때

분자에 45−5=40을 더해야 분수의 크기가 변하지 않습니다.

3 분자: 4＋20＝24이므로

분자가 24이면서 $\dfrac{4}{7}$와 크기가 같은 분수는

$\dfrac{4}{7}=\dfrac{4\times6}{7\times6}=\dfrac{24}{42}$입니다.

따라서 $\dfrac{4}{7}$의 분자에 20을 더했을 때

분모에 42−7=35를 더해야 분수의 크기가 변하지 않습니다.

4 ❶ 분자: 40−32＝8이므로

분자가 8이면서 $\dfrac{40}{50}$과 크기가 같은 분수는

$\dfrac{40}{50}=\dfrac{40\div5}{50\div5}=\dfrac{8}{10}$입니다.

❷ $\dfrac{40}{50}$의 분자에서 32를 뺐을 때

분모에서 50−10=40을 빼야 분수의 크기가 변하지 않습니다.

5 분자: 24−18＝6이므로

분자가 6이면서 $\dfrac{24}{36}$와 크기가 같은 분수는

$\dfrac{24}{36}=\dfrac{24\div4}{36\div4}=\dfrac{6}{9}$입니다.

따라서 $\dfrac{24}{36}$의 분자에서 18을 뺐을 때

분모에서 36−9=27을 빼야 분수의 크기가 변하지 않습니다.

6 분모: 108−72＝36이므로

분모가 36이면서 $\dfrac{84}{108}$와 크기가 같은 분수는

$\dfrac{84}{108}=\dfrac{84\div3}{108\div3}=\dfrac{28}{36}$입니다.

따라서 $\dfrac{84}{108}$의 분모에서 72를 뺐을 때

분자에서 84−28=56을 빼야 분수의 크기가 변하지 않습니다.

7 ❶ $\dfrac{17+\blacksquare}{24+\blacksquare}$의 분모와 분자의 차는 $\dfrac{17}{24}$의 분모와 분자의 차와 같으므로

$(24+\blacksquare)-(17+\blacksquare)=24-17=7$입니다.

❷ $\dfrac{3}{4}=\dfrac{6}{8}=\dfrac{9}{12}=\cdots\cdots=\dfrac{18}{24}=\dfrac{21}{28}=\cdots\cdots$이므로

분모와 분자의 차가 7인 분수는 28−21=7 → $\dfrac{21}{28}$

❸ $\dfrac{17+\blacksquare}{24+\blacksquare}=\dfrac{21}{28}$이므로 $\blacksquare=4$입니다.

따라서 분모와 분자에 4를 더해야 합니다.

8 분모와 분자에 더해야 하는 수를 □라 하면 $\dfrac{13+\square}{40+\square}$이고,

$\dfrac{13+\square}{40+\square}$의 분모와 분자의 차는 $\dfrac{13}{40}$의 분모와 분자의 차와 같으므로

$(40+\square)-(13+\square)=40-13=27$입니다.

$\dfrac{2}{5}=\dfrac{4}{10}=\dfrac{6}{15}=\cdots\cdots=\dfrac{16}{40}=\dfrac{18}{45}=\cdots\cdots$이므로

분모와 분자의 차가 27인 분수는 45−18=27 → $\dfrac{18}{45}$

⇨ $\dfrac{13+\square}{40+\square}=\dfrac{18}{45}$이므로 □=5입니다.

따라서 분모와 분자에 5를 더해야 합니다.

9 분모와 분자에서 빼야 하는 수를 □라 하면 $\dfrac{43-\square}{67-\square}$이고,

$\dfrac{43-\square}{67-\square}$의 분모와 분자의 차는 $\dfrac{43}{67}$의 분모와 분자의 차와 같으므로

$(67-\square)-(43-\square)=67-43=24$입니다.

$\dfrac{5}{8}=\dfrac{10}{16}=\dfrac{15}{24}=\cdots\cdots=\dfrac{35}{56}=\dfrac{40}{64}=\cdots\cdots$이므로

분모와 분자의 차가 24인 분수는 64−40=24 → $\dfrac{40}{64}$

⇨ $\dfrac{43-\square}{67-\square}=\dfrac{40}{64}$이므로 □=3입니다.

따라서 분모와 분자에서 3을 빼야 합니다.

다른 풀이

분수 $\dfrac{\blacktriangle}{\blacksquare}$의 분모와 분자에 똑같은 수 ●를 곱하여 똑같은 크기의 분수 $\dfrac{\blacktriangle\times●}{\blacksquare\times●}$를 만들면 분모와 분자의 차는

(■와 ▲의 차)×●가 됩니다.

⇨ $\dfrac{5}{8}$의 분모와 분자의 차는 8−5=3이고,

차 24는 3×8=24이므로 분모와 분자의 차가 24인 분수는 $\dfrac{5}{8}=\dfrac{5\times8}{8\times8}=\dfrac{40}{64}$입니다.

따라서 $\dfrac{43-3}{67-3}=\dfrac{40}{64}$이므로 분모와 분자에서 3을 빼야 합니다.

유형 **03** 약분하기 전의 분수

82쪽

1 ❶ $\dfrac{20}{45}$ ❷ $\dfrac{20}{53}$ 답 $\dfrac{20}{53}$

2 $\dfrac{3}{20}$ **3** $\dfrac{10}{39}$

83쪽

4 ❶ 5 ❷ 9 ❸ $\dfrac{45}{72}$ 답 $\dfrac{45}{72}$

5 $\dfrac{16}{28}$ **6** $\dfrac{48}{78}$

84쪽

7 ❶ 3 ❷ 5 ❸ $\dfrac{10}{15}$ 답 $\dfrac{10}{15}$

8 $\dfrac{7}{28}$ **9** $\dfrac{4}{10}$

85쪽

10 ❶ 7 ❷ 10 ❸ $\dfrac{10}{43}$ 답 $\dfrac{10}{43}$

11 $\dfrac{29}{56}$ **12** $\dfrac{55}{62}$

1 ❶ $\dfrac{4}{9}=\dfrac{4\times5}{9\times5}=\dfrac{20}{45}$

❷ $\dfrac{20}{45}\rightarrow\dfrac{20}{45+8}=\dfrac{20}{53}$

2 약분하기 전의 분수: $\dfrac{3}{5}=\dfrac{3\times4}{5\times4}=\dfrac{12}{20}$

분자에 9를 더하기 전의 분수: $\dfrac{12}{20}\rightarrow\dfrac{12-9}{20}=\dfrac{3}{20}$

따라서 어떤 분수는 $\dfrac{3}{20}$입니다.

3 약분하기 전의 분수: $\dfrac{1}{6}=\dfrac{1\times7}{6\times7}=\dfrac{7}{42}$

분모에 3을 더하고, 분자에서 3을 빼기 전의 분수:

$\dfrac{7}{42}\rightarrow\dfrac{7+3}{42-3}=\dfrac{10}{39}$

따라서 어떤 분수는 $\dfrac{10}{39}$입니다.

4 ❷ $8\times\blacksquare+5\times\blacksquare=117$,

$13\times\blacksquare=117$, $\blacksquare=9$입니다.

❸ 구하는 분수는 $\dfrac{5\times9}{8\times9}=\dfrac{45}{72}$입니다.

5 구하는 분수를 $\dfrac{4\times\square}{7\times\square}$라 하면

분모와 분자의 합이 44이므로 $7\times\square+4\times\square=44$,

$11\times\square=44$, $\square=4$입니다.

따라서 구하는 분수는 $\dfrac{4\times4}{7\times4}=\dfrac{16}{28}$입니다.

6 구하는 분수를 $\dfrac{8\times\square}{13\times\square}$라 하면

분모와 분자의 차가 30이므로 $13\times\square-8\times\square=30$,

$5\times\square=30$, $\square=6$입니다.

따라서 구하는 분수는 $\dfrac{8\times6}{13\times6}=\dfrac{48}{78}$입니다.

7 ❷ $3\times\blacksquare\times2\times\blacksquare=150$, $6\times\blacksquare\times\blacksquare=150$,

$\blacksquare\times\blacksquare=25$, $\blacksquare=5$입니다.

❸ 구하는 분수는 $\dfrac{2\times5}{3\times5}=\dfrac{10}{15}$입니다.

8 구하는 분수를 $\dfrac{1\times\square}{4\times\square}$라 하면

분모와 분자의 곱이 196이므로 $4\times\square\times1\times\square=196$,

$4\times\square\times\square=196$, $\square\times\square=49$, $\square=7$입니다.

따라서 구하는 분수는 $\dfrac{1\times7}{4\times7}=\dfrac{7}{28}$입니다.

9 구하는 분수를 $\dfrac{2\times\square}{5\times\square}$라 하면

$\square\,)$ (분모) (분자)

  5 2

→ (최소공배수)$=\square\times5\times2$

분모와 분자의 최소공배수가 20이므로

$\square\times5\times2=20$, $\square\times10=20$, $\square=2$입니다.

따라서 구하는 분수는 $\dfrac{2\times2}{5\times2}=\dfrac{4}{10}$입니다.

10 ❷ $5\times\blacksquare-7+1\times\blacksquare=53$, $5\times\blacksquare+\blacksquare=60$,

$6\times\blacksquare=60$, $\blacksquare=10$입니다.

❸ 처음의 분수는 $\dfrac{1\times10}{5\times10-7}=\dfrac{10}{43}$입니다.

11 약분하기 전의 분수를 $\dfrac{3\times\square}{7\times\square}$라 하면

분자에서 5를 빼기 전의 분수는

$\dfrac{3\times\square}{7\times\square}\rightarrow\dfrac{3\times\square+5}{7\times\square}$입니다.

분모와 분자의 합이 85이므로 $7\times\square+3\times\square+5=85$,

$7\times\square+3\times\square=80$, $10\times\square=80$, $\square=8$입니다.

따라서 처음의 분수는 $\dfrac{3\times8+5}{7\times8}=\dfrac{29}{56}$입니다.

12 약분하기 전의 분수를 $\dfrac{5\times\square}{6\times\square}$라 하면

분모에 4를 더하기 전의 분수는

$\dfrac{5\times\square}{6\times\square}\rightarrow\dfrac{5\times\square}{6\times\square-4}$입니다.

분모와 분자의 차가 7이므로 $6\times\square-4-5\times\square=7$,

$6\times\square-5\times\square=11$, $\square=11$입니다.

따라서 처음의 분수는 $\dfrac{5\times11}{6\times11-4}=\dfrac{55}{62}$입니다.

유형 **04** 수 카드로 분수 만들기

86쪽	**1 ❶** $\frac{2}{5}$, $\frac{5}{6}$, $\frac{6}{9}$ **❷** $\frac{5}{6}$ **답** $\frac{5}{6}$	
	2 $\frac{4}{5}$	**3** $9\frac{2}{3}$
87쪽	**4 ❶** $\frac{2}{4}$, $\frac{2}{7}$, $\frac{4}{7}$, $\frac{2}{8}$, $\frac{4}{8}$, $\frac{7}{8}$ **❷** $\frac{4}{7}$, $\frac{7}{8}$	
	답 $\frac{4}{7}$, $\frac{7}{8}$	
	5 $\frac{3}{5}$, $\frac{5}{7}$, $\frac{5}{9}$, $\frac{7}{9}$	**6** $\frac{3}{8}$, $\frac{3}{9}$, $\frac{4}{9}$

1 ❶ 분모가 5일 때 진분수: $\frac{2}{5}$

분모가 6일 때 가장 큰 진분수: $\frac{5}{6}$

분모가 9일 때 가장 큰 진분수: $\frac{6}{9}$

❷ 세 분수를 세 분모 5, 6, 9의 최소공배수인 90을 공통분모로 하여 통분하면

$\frac{2}{5}=\frac{36}{90}$, $\frac{5}{6}=\frac{75}{90}$, $\frac{6}{9}=\frac{60}{90}$입니다.

따라서 $\frac{5}{6}\left(=\frac{75}{90}\right)>\frac{6}{9}\left(=\frac{60}{90}\right)>\frac{2}{5}\left(=\frac{36}{90}\right)$이

므로 가장 큰 진분수는 $\frac{5}{6}$입니다.

2 분모가 4일 때 진분수: $\frac{3}{4}$,

분모가 5일 때 가장 큰 진분수: $\frac{4}{5}$,

분모가 8일 때 가장 큰 진분수: $\frac{5}{8}$를 만들 수 있고,

세 분수를 세 분모 4, 5, 8의 최소공배수인 40을 공통분모로 하여 통분하면

$\frac{3}{4}=\frac{30}{40}$, $\frac{4}{5}=\frac{32}{40}$, $\frac{5}{8}=\frac{25}{40}$입니다.

따라서 $\frac{4}{5}\left(=\frac{32}{40}\right)>\frac{3}{4}\left(=\frac{30}{40}\right)>\frac{5}{8}\left(=\frac{25}{40}\right)$이므로

만들 수 있는 가장 큰 진분수는 $\frac{4}{5}$입니다.

3 가장 큰 대분수를 만들려면 자연수 부분에 가장 큰 수인 9를 놓아야 합니다. 나머지 수 카드의 수 7, 3, 2로 가장 큰 진분수를 만듭니다.

분모가 3일 때 진분수: $\frac{2}{3}$,

분모가 7일 때 가장 큰 진분수: $\frac{3}{7}$이고,

$\frac{2}{3}\left(=\frac{14}{21}\right)>\frac{3}{7}\left(=\frac{9}{21}\right)$이므로 가장 큰 진분수는 $\frac{2}{3}$입니다.

따라서 만들 수 있는 가장 큰 대분수는 $9\frac{2}{3}$입니다.

4 ❷ $\frac{2}{4}$: 2×2=4 → $\frac{2}{4}=\frac{1}{2}$, $\frac{2}{7}$: 2×2<7 → $\frac{2}{7}<\frac{1}{2}$,

$\frac{4}{7}$: 4×2>7 → $\frac{4}{7}>\frac{1}{2}$, $\frac{2}{8}$: 2×2<8 → $\frac{2}{8}<\frac{1}{2}$,

$\frac{4}{8}$: 4×2=8 → $\frac{4}{8}=\frac{1}{2}$, $\frac{7}{8}$: 7×2>8 → $\frac{7}{8}>\frac{1}{2}$

따라서 $\frac{1}{2}$보다 큰 분수는 $\frac{4}{7}$, $\frac{7}{8}$입니다.

5 만들 수 있는 진분수: $\frac{3}{5}$, $\frac{3}{7}$, $\frac{5}{7}$, $\frac{3}{9}$, $\frac{5}{9}$, $\frac{7}{9}$

(분자)×2>(분모)이면 $\frac{1}{2}$보다 큰 분수이므로

$\frac{3}{5}$: 3×2>5 → $\frac{3}{5}>\frac{1}{2}$, $\frac{3}{7}$: 3×2<7 → $\frac{3}{7}<\frac{1}{2}$,

$\frac{5}{7}$: 5×2>7 → $\frac{5}{7}>\frac{1}{2}$, $\frac{3}{9}$: 3×2<9 → $\frac{3}{9}<\frac{1}{2}$,

$\frac{5}{9}$: 5×2>9 → $\frac{5}{9}>\frac{1}{2}$, $\frac{7}{9}$: 7×2>9 → $\frac{7}{9}>\frac{1}{2}$

따라서 $\frac{1}{2}$보다 큰 분수는 $\frac{3}{5}$, $\frac{5}{7}$, $\frac{5}{9}$, $\frac{7}{9}$입니다.

6 만들 수 있는 진분수: $\frac{3}{4}$, $\frac{3}{8}$, $\frac{4}{8}$, $\frac{3}{9}$, $\frac{4}{9}$, $\frac{8}{9}$

(분자)×2<(분모)이면 $\frac{1}{2}$보다 작은 분수이므로

$\frac{3}{4}$: 3×2>4 → $\frac{3}{4}>\frac{1}{2}$, $\frac{3}{8}$: 3×2<8 → $\frac{3}{8}<\frac{1}{2}$,

$\frac{4}{8}$: 4×2=8 → $\frac{4}{8}=\frac{1}{2}$, $\frac{3}{9}$: 3×2<9 → $\frac{3}{9}<\frac{1}{2}$,

$\frac{4}{9}$: 4×2<9 → $\frac{4}{9}<\frac{1}{2}$, $\frac{8}{9}$: 8×2>9 → $\frac{8}{9}>\frac{1}{2}$

따라서 $\frac{1}{2}$보다 작은 분수는 $\frac{3}{8}$, $\frac{3}{9}$, $\frac{4}{9}$입니다.

유형 **05** □가 있는 분수의 크기 비교

88쪽	**1 ❶** 14, 3	**❷** 1, 2, 3, 4	**답** 1, 2, 3, 4
	2 1, 2, 3	**3** 3, 4, 5	
89쪽	**4 ❶** 15, 15	**❷** 5	**답** 5
	5 6	**6** 8, 9	

1 ❶ 두 분수를 두 분모 12와 8의 최소공배수인 24를 공통분모로 하여 통분하면

$\frac{7\times2}{12\times2}>\frac{\blacksquare\times3}{8\times3}$에서 $\frac{14}{24}>\frac{\blacksquare\times3}{24}$입니다.

❷ $\dfrac{14}{24} > \dfrac{\blacksquare \times 3}{24}$에서 분자의 크기를 비교하면

$14 > \blacksquare \times 3$이므로

■에 들어갈 수 있는 자연수는 1, 2, 3, 4입니다.

2 두 분수를 두 분모 4와 20의 최소공배수인 20을 공통분모로 하여 통분하면

$\dfrac{\square \times 5}{4 \times 5} < \dfrac{17}{20}$에서 $\dfrac{\square \times 5}{20} < \dfrac{17}{20}$입니다.

분자의 크기를 비교하면 $\square \times 5 < 17$이므로

□ 안에 들어갈 수 있는 자연수는 1, 2, 3입니다.

3 세 분수를 세 분모 3, 6, 9의 최소공배수인 18을 공통분모로 하여 통분하면

$\dfrac{1 \times 6}{3 \times 6} < \dfrac{\square \times 3}{6 \times 3} < \dfrac{8 \times 2}{9 \times 2}$에서 $\dfrac{6}{18} < \dfrac{\square \times 3}{18} < \dfrac{16}{18}$입니다.

분자의 크기를 비교하면 $6 < \square \times 3 < 16$이므로

□ 안에 들어갈 수 있는 자연수는 3, 4, 5입니다.

4 ❶ 두 분수를 두 분자 5와 3의 최소공배수인 15로 분자를 같게 하면

$\dfrac{5 \times 3}{7 \times 3} > \dfrac{3 \times 5}{\blacksquare \times 5}$에서 $\dfrac{15}{21} > \dfrac{15}{\blacksquare \times 5}$입니다.

❷ $\dfrac{15}{21} > \dfrac{15}{\blacksquare \times 5}$에서 분모의 크기를 비교하면

$21 < \blacksquare \times 5$입니다.

따라서 ■에 들어갈 수 있는 자연수는 5, 6, 7……
이므로 이 중에서 가장 작은 수는 5입니다.

5 두 분수를 두 분자 7과 4의 최소공배수인 28로 분자를 같게 하면

$\dfrac{7 \times 4}{11 \times 4} < \dfrac{4 \times 7}{\square \times 7}$에서 $\dfrac{28}{44} < \dfrac{28}{\square \times 7}$입니다.

$\dfrac{28}{44} < \dfrac{28}{\square \times 7}$에서 분모의 크기를 비교하면

$44 > \square \times 7$입니다.

따라서 □ 안에 들어갈 수 있는 자연수는 1, 2, 3, 4, 5, 6
이므로 이 중에서 가장 큰 수는 6입니다.

6 세 분수를 세 분자 3, 6, 11의 최소공배수인 66으로 분자를 같게 하면

$\dfrac{3 \times 22}{5 \times 22} < \dfrac{6 \times 11}{\square \times 11} < \dfrac{11 \times 6}{14 \times 6}$에서

$\dfrac{66}{110} < \dfrac{66}{\square \times 11} < \dfrac{66}{84}$입니다.

$\dfrac{66}{110} < \dfrac{66}{\square \times 11} < \dfrac{66}{84}$에서 분모의 크기를 비교하면

$110 > \square \times 11 > 84$입니다.

따라서 □ 안에 들어갈 수 있는 자연수는 8, 9입니다.

1 ❶ $\dfrac{3}{4} = \dfrac{45}{60}, \dfrac{5}{6} = \dfrac{50}{60}$

❷ $\dfrac{45}{60}$보다 크고 $\dfrac{50}{60}$보다 작은 분수 중에서

분모가 60인 분수는 $\dfrac{46}{60}, \dfrac{47}{60}, \dfrac{48}{60}, \dfrac{49}{60}$로 모두 4개입니다.

2 두 분수를 54를 공통분모로 하여 통분하면

$\dfrac{2}{9} = \dfrac{12}{54}, \dfrac{1}{3} = \dfrac{18}{54}$입니다.

따라서 $\dfrac{12}{54}$보다 크고 $\dfrac{18}{54}$보다 작은 분수 중에서

분모가 54인 분수는 $\dfrac{13}{54}, \dfrac{14}{54}, \dfrac{15}{54}, \dfrac{16}{54}, \dfrac{17}{54}$로 모두 5개입니다.

3 $0.625 = \dfrac{625}{1000} = \dfrac{5}{8}$이므로

$\dfrac{3}{5}$과 $\dfrac{5}{8}$를 80을 공통분모로 하여 통분하면

$\dfrac{3}{5} = \dfrac{48}{80}, \dfrac{5}{8} = \dfrac{50}{80}$입니다.

따라서 $\dfrac{48}{80}$보다 크고 $\dfrac{50}{80}$보다 작은 분수 중에서

분모가 80인 분수는 $\dfrac{49}{80}$입니다.

4 ❶ 세 분수를 세 분모 10, 30, 12의 최소공배수인 60을 공통분모로 하여 통분하면

$\dfrac{3 \times 6}{10 \times 6} < \dfrac{\blacksquare \times 2}{30 \times 2} < \dfrac{5 \times 5}{12 \times 5}$에서

$\dfrac{18}{60} < \dfrac{\blacksquare \times 2}{60} < \dfrac{25}{60}$입니다.

❷ $18 < \blacksquare \times 2 < 25$에서 $\blacksquare = 10, 11, 12$입니다.

❸ $10, 11, 12$ 중에서 30과 공약수가 1뿐인 수는 11입니다.

따라서 구하는 기약분수는 $\dfrac{11}{30}$입니다.

5 구하는 기약분수를 $\dfrac{\square}{36}$라 하면 $\dfrac{5}{8} < \dfrac{\square}{36} < \dfrac{5}{6}$입니다.

세 분수를 세 분모 $8, 36, 6$의 최소공배수인 72를 공통분모로 하여 통분하면

$\dfrac{5 \times 9}{8 \times 9} < \dfrac{\square \times 2}{36 \times 2} < \dfrac{5 \times 12}{6 \times 12}$에서 $\dfrac{45}{72} < \dfrac{\square \times 2}{72} < \dfrac{60}{72}$입니다.

분자의 크기를 비교하면 $45 < \square \times 2 < 60$이므로

$\square = 23, 24, 25, 26, 27, 28, 29$이고

이 중에서 36과 공약수가 1뿐인 수는 $23, 25, 29$입니다.

따라서 구하는 기약분수는 $\dfrac{23}{36}, \dfrac{25}{36}, \dfrac{29}{36}$입니다.

6 구하는 기약분수를 $\dfrac{8}{\square}$이라 하면 $\dfrac{2}{5} < \dfrac{8}{\square} < \dfrac{7}{9}$입니다.

세 분수를 세 분자 $2, 8, 7$의 최소공배수인 56으로 분자를 같게 하면 $\dfrac{2 \times 28}{5 \times 28} < \dfrac{8 \times 7}{\square \times 7} < \dfrac{7 \times 8}{9 \times 8}$에서

$\dfrac{56}{140} < \dfrac{56}{\square \times 7} < \dfrac{56}{72}$입니다.

분모의 크기를 비교하면 $140 > \square \times 7 > 72$이므로

$\square = 11, 12, 13, 14, 15, 16, 17, 18, 19$이고

이 중에서 8과 공약수가 1뿐인 수는 $11, 13, 15, 17, 19$입니다.

따라서 구하는 기약분수는 $\dfrac{8}{11}, \dfrac{8}{13}, \dfrac{8}{15}, \dfrac{8}{17}, \dfrac{8}{19}$로 모두 5개입니다.

7 ❶ 세 분수를 세 분모 $7, 28, 4$의 최소공배수인 28을 공통분모로 하여 통분하면

$\dfrac{4}{7} = \dfrac{16}{28}, \dfrac{27}{28}, \dfrac{3}{4} = \dfrac{21}{28}$입니다.

❷ $\dfrac{16}{28}$과 $\dfrac{21}{28}$의 분자의 차는 $21 - 16 = 5$이고,

$\dfrac{27}{28}$과 $\dfrac{21}{28}$의 분자의 차는 $27 - 21 = 6$이므로

$\dfrac{4}{7}\left(=\dfrac{16}{28}\right)$와 $\dfrac{27}{28}$ 중에서 $\dfrac{3}{4}\left(=\dfrac{21}{28}\right)$에 더 가까운

분수는 분자의 차가 더 작은 $\dfrac{4}{7}$입니다.

8 세 분수 $\dfrac{5}{6}, \dfrac{8}{9}, \dfrac{7}{8}$을 세 분모 $6, 9, 8$의 최소공배수인 72를 공통분모로 하여 통분하면

$\dfrac{5}{6} = \dfrac{60}{72}, \dfrac{8}{9} = \dfrac{64}{72}, \dfrac{7}{8} = \dfrac{63}{72}$입니다.

$\dfrac{60}{72}$과 $\dfrac{63}{72}$의 분자의 차는 $63 - 60 = 3$이고,

$\dfrac{64}{72}$와 $\dfrac{63}{72}$의 분자의 차는 $64 - 63 = 1$이므로

$\dfrac{5}{6}\left(=\dfrac{60}{72}\right)$와 $\dfrac{8}{9}\left(=\dfrac{64}{72}\right)$ 중에서 $\dfrac{7}{8}\left(=\dfrac{63}{72}\right)$에 더 가까운 분수는 분자의 차가 더 작은 $\dfrac{8}{9}$입니다.

9 $0.56 = \dfrac{56}{100} = \dfrac{14}{25}$이므로 세 분수 $\dfrac{14}{25}, \dfrac{7}{10}, \dfrac{3}{5}$을 세 분모 $25, 10, 5$의 최소공배수인 50을 공통분모로 하여 통분하면

$\dfrac{14}{25} = \dfrac{28}{50}, \dfrac{7}{10} = \dfrac{35}{50}, \dfrac{3}{5} = \dfrac{30}{50}$입니다.

$\dfrac{28}{50}$과 $\dfrac{30}{50}$의 분자의 차는 $30 - 28 = 2$이고,

$\dfrac{35}{50}$와 $\dfrac{30}{50}$의 분자의 차는 $35 - 30 = 5$이므로

$0.56\left(=\dfrac{28}{50}\right)$과 $\dfrac{7}{10}\left(=\dfrac{35}{50}\right)$ 중에서 $\dfrac{3}{5}\left(=\dfrac{30}{50}\right)$에 더 가까운 수는 0.56입니다.

10 ❶ $\dfrac{\blacksquare}{9} = \dfrac{\blacksquare \times 5}{9 \times 5} = \dfrac{\blacksquare \times 5}{45}, \dfrac{3}{5} = \dfrac{3 \times 9}{5 \times 9} = \dfrac{27}{45}$

❷ $\dfrac{\blacksquare \times 5}{45}$에서 $\blacksquare = 5$일 때 $\dfrac{\blacksquare \times 5}{45} = \dfrac{5 \times 5}{45} = \dfrac{25}{45}$이고

$\dfrac{27}{45}$과 분자의 차는 $27 - 25 = 2$,

$\dfrac{\blacksquare \times 5}{45}$에서 $\blacksquare = 6$일 때 $\dfrac{\blacksquare \times 5}{45} = \dfrac{6 \times 5}{45} = \dfrac{30}{45}$이고

$\dfrac{27}{45}$과 분자의 차는 $30 - 27 = 3$입니다.

❸ 분모가 9인 분수 중에서 $\dfrac{3}{5}\left(=\dfrac{27}{45}\right)$에 가장 가까운 분수는 분자의 차가 더 작은 $\dfrac{5}{9}$입니다.

11 분모가 11인 분수를 $\dfrac{\square}{11}$라 하여 $\dfrac{4}{7}$와 통분하면

$\dfrac{\square}{11} = \dfrac{\square \times 7}{77}, \dfrac{4}{7} = \dfrac{44}{77}$입니다.

$\dfrac{\square \times 7}{77}$에서 $\square = 6$일 때 $\dfrac{\square \times 7}{77} = \dfrac{6 \times 7}{77} = \dfrac{42}{77}$이고

$\dfrac{44}{77}$와 분자의 차는 $44 - 42 = 2$,

$\dfrac{\square \times 7}{77}$에서 $\square = 7$일 때 $\dfrac{\square \times 7}{77} = \dfrac{7 \times 7}{77} = \dfrac{49}{77}$이고

$\dfrac{44}{77}$와 분자의 차는 $49 - 44 = 5$입니다.

➡ 분모가 11인 분수 중에서 $\dfrac{4}{7}\left(=\dfrac{44}{77}\right)$에 가장 가까운 분수는 분자의 차가 더 작은 $\dfrac{6}{11}$입니다.

12 분모가 12인 분수를 $\dfrac{\square}{12}$라 하여 $\dfrac{9}{10}$와 통분하면

$\dfrac{\square}{12}=\dfrac{\square\times5}{60}$, $\dfrac{9}{10}=\dfrac{54}{60}$입니다.

$\dfrac{\square\times5}{60}$에서 $\square=10$일 때 $\dfrac{\square\times5}{60}=\dfrac{10\times5}{60}=\dfrac{50}{60}$이고

$\dfrac{54}{60}$와 분자의 차는 $54-50=4$,

$\dfrac{\square\times5}{60}$에서 $\square=11$일 때 $\dfrac{\square\times5}{60}=\dfrac{11\times5}{60}=\dfrac{55}{60}$이고

$\dfrac{54}{60}$와 분자의 차는 $55-54=1$입니다.

⇨ 분모가 12인 분수 중에서 $\dfrac{9}{10}\left(=\dfrac{54}{60}\right)$에 가장 가까운 분수는 분자의 차가 더 작은 $\dfrac{11}{12}$입니다.

단원 4 유형 마스터

94쪽	**01** $\dfrac{168}{240}$, $\dfrac{20}{240}$	**02** 4개	**03** $\dfrac{13}{37}$
95쪽	**04** 6	**05** $\dfrac{9}{21}$	**06** $9\dfrac{6}{7}$
96쪽	**07** 17개	**08** $2\dfrac{7}{12}$	**09** 4
97쪽	**10** 25	**11** $\dfrac{5}{8}$	**12** $\dfrac{4}{7}$, $\dfrac{4}{9}$, $\dfrac{4}{11}$

01
$\begin{array}{r}2\,)\underline{10\quad12}\\5\quad\;6\end{array}$

→ 최소공배수: $2\times5\times6=60$

두 분수의 분모 10과 12의 최소공배수는 60입니다.
60의 배수인 60, 120, 180, 240, 300……이 공통분모가 될 수 있고, 이 중에서 200과 300 사이의 수는 240입니다.

따라서 $\dfrac{7}{10}$과 $\dfrac{1}{12}$을 240을 공통분모로 하여 통분하면

$\dfrac{7}{10}=\dfrac{7\times24}{10\times24}=\dfrac{168}{240}$, $\dfrac{1}{12}=\dfrac{1\times20}{12\times20}=\dfrac{20}{240}$입니다.

02 분자가 63의 약수일 때 단위분수가 됩니다.

63의 약수는 1, 3, 7, 9, 21, 63이므로

약분하여 단위분수가 되는 분수는 $\dfrac{3}{63}$, $\dfrac{7}{63}$, $\dfrac{9}{63}$, $\dfrac{21}{63}$로 모두 4개입니다.

03 약분하기 전의 분수: $\dfrac{3}{5}=\dfrac{3\times6}{5\times6}=\dfrac{18}{30}$,

분모에서 7을 빼고, 분자에 5를 더하기 전의 분수:

$\dfrac{18}{30}\rightarrow\dfrac{18-5}{30+7}=\dfrac{13}{37}$

따라서 어떤 분수는 $\dfrac{13}{37}$입니다.

04 두 분수를 분자 4와 3의 최소공배수인 12로 분자를 같게 하면

$\dfrac{4\times3}{9\times3}<\dfrac{3\times4}{\square\times4}$에서 $\dfrac{12}{27}<\dfrac{12}{\square\times4}$입니다.

$\dfrac{12}{27}<\dfrac{12}{\square\times4}$에서 분모의 크기를 비교하면

$27>\square\times4$입니다.

따라서 $\square$ 안에 들어갈 수 있는 자연수는 1, 2, 3, 4, 5, 6이므로 이 중에서 가장 큰 수는 6입니다.

05 구하는 분수를 $\dfrac{3\times\square}{7\times\square}$라 하면

분모와 분자의 곱이 189이므로 $7\times\square\times3\times\square=189$,

$21\times\square\times\square=189$, $\square\times\square=9$, $\square=3$입니다.

따라서 구하는 분수는 $\dfrac{3\times3}{7\times3}=\dfrac{9}{21}$입니다.

06 가장 큰 대분수를 만들려면 자연수 부분에 가장 큰 수인 9를 놓고, 나머지 수 카드의 수 2, 3, 6, 7로 가장 큰 진분수를 만듭니다.

분모가 3인 가장 큰 대분수: $9\dfrac{2}{3}$,

분모가 6인 가장 큰 대분수: $9\dfrac{3}{6}$,

분모가 7인 가장 큰 대분수: $9\dfrac{6}{7}$이고,

세 분수를 세 분모 3, 6, 7의 최소공배수인 42를 공통분모로 하여 통분하면

$9\dfrac{2}{3}=9\dfrac{28}{42}$, $9\dfrac{3}{6}=9\dfrac{21}{42}$, $9\dfrac{6}{7}=9\dfrac{36}{42}$입니다.

⇨ $9\dfrac{6}{7}\left(=9\dfrac{36}{42}\right)>9\dfrac{2}{3}\left(=9\dfrac{28}{42}\right)>9\dfrac{3}{6}\left(=9\dfrac{21}{42}\right)$

이므로 가장 큰 대분수는 $9\dfrac{6}{7}$입니다.

07 $34=2\times17$이므로 분자가 2의 배수 또는 17의 배수일 때 약분할 수 있습니다.

• 1부터 33까지의 자연수 중에서 2의 배수의 개수:
$33\div2=16\cdots1$이므로 16개

• 1부터 33까지의 자연수 중에서 17의 배수의 개수:
$33\div17=1\cdots16$이므로 1개

따라서 약분할 수 있는 분수는 모두
$16+1=17$(개)입니다.

08 세 분수와 3과의 차는 $3\frac{7}{15}-3=\frac{7}{15}$, $3-2\frac{2}{9}=\frac{7}{9}$,

$3-2\frac{7}{12}=\frac{5}{12}$입니다.

$\frac{7}{15}$과 $\frac{7}{9}$은 분자가 같으므로 $\frac{7}{15}<\frac{7}{9}$이고,

$\frac{5}{12}$와 $\frac{7}{15}$의 크기를 비교하면

$\frac{5}{12}\left(=\frac{25}{60}\right)<\frac{7}{15}\left(=\frac{28}{60}\right)$입니다.

⇨ $\frac{5}{12}<\frac{7}{15}<\frac{7}{9}$이므로 3에 가장 가까운 분수는 3과

의 차가 가장 작은 $2\frac{7}{12}$입니다.

참고
3에 가장 가까운 수는 3과의 차가 가장 작은 수입니다.

09 분모와 분자에서 빼야 하는 수를 □라 하면

$\frac{32-□}{67-□}$이고, $\frac{32-□}{67-□}$의 분모와 분자의 차는 $\frac{32}{67}$의

분모와 분자의 차와 같으므로

$(67-□)-(32-□)=67-32=35$입니다.

$\frac{4}{9}=\frac{8}{18}=\frac{12}{27}=\cdots\cdots=\frac{24}{54}=\frac{28}{63}=\cdots\cdots$이므로

분모와 분자의 차가 35인 분수는

$63-28=35 \rightarrow \frac{28}{63}$입니다.

⇨ $\frac{32-□}{67-□}=\frac{28}{63}$이므로 □=4입니다.

따라서 분모와 분자에서 4를 빼야 합니다.

10 $\frac{●-10}{●+10}$에서 분모 ●+10과 분자 ●-10의 차는 20입

니다.

$\frac{3}{7}$과 크기가 같은 분수:

$\frac{3}{7}=\frac{6}{14}=\frac{9}{21}=\frac{12}{28}=\frac{15}{35}=\frac{18}{42}=\cdots\cdots$ 중에서

분모와 분자의 차가 20인 분수는

$35-15=20 \rightarrow \frac{15}{35}$입니다.

⇨ $\frac{●-10}{●+10}=\frac{15}{35}$이므로 ●=25입니다.

참고

●+10은 ●보다 10 큰 수이고,
●-10은 ●보다 10 작은 수이므로
●+10과 ●-10의 차는 10+10=20입니다.

11 분모가 8인 분수를 $\frac{□}{8}$라 하여 $\frac{2}{3}$와 통분하면

$\frac{□}{8}=\frac{□\times3}{24}$, $\frac{2}{3}=\frac{16}{24}$입니다.

$\frac{□\times3}{24}$에서 □=5일 때 $\frac{□\times3}{24}=\frac{5\times3}{24}=\frac{15}{24}$이고

$\frac{16}{24}$과 분자의 차는 $16-15=1$,

$\frac{□\times3}{24}$에서 □=6일 때 $\frac{□\times3}{24}=\frac{6\times3}{24}=\frac{18}{24}$이고

$\frac{16}{24}$과 분자의 차는 $18-16=2$입니다.

⇨ 분모가 8인 분수 중에서 $\frac{2}{3}\left(=\frac{16}{24}\right)$에 가장 가까운

분수는 분자의 차가 더 작은 $\frac{5}{8}$입니다.

12 구하는 기약분수를 $\frac{4}{□}$라 하면

$\frac{1}{3}<\frac{4}{□}<\frac{5}{8}$에서 세 분수를 세 분자 1, 4, 5의 최소공

배수인 20으로 분자를 같게 하면

$\frac{1\times20}{3\times20}<\frac{4\times5}{□\times5}<\frac{5\times4}{8\times4}$에서 $\frac{20}{60}<\frac{20}{□\times5}<\frac{20}{32}$입

니다.

분모의 크기를 비교하면 $60>□\times5>32$이므로

□=7, 8, 9, 10, 11이고,

이 중에서 4와 공약수가 1뿐인 수는 7, 9, 11입니다.

따라서 구하는 기약분수는 $\frac{4}{7}$, $\frac{4}{9}$, $\frac{4}{11}$입니다.

5 분수의 덧셈과 뺄셈

유형 01 분수의 덧셈과 뺄셈의 활용

100쪽	1 ❶ $5\frac{1}{6}$ m ❷ $9\frac{11}{12}$ m 답 $9\frac{11}{12}$ m	
	2 $6\frac{10}{21}$ mm	3 $5\frac{59}{60}$ kg
101쪽	4 ❶ $9\frac{1}{2}$ m ❷ $1\frac{1}{4}$ m ❸ $8\frac{1}{4}$ m	
	답 $8\frac{1}{4}$ m	
	5 $6\frac{2}{15}$ m	6 $6\frac{37}{40}$ m
102쪽	7 ❶ $+,-$ ❷ $1\frac{3}{4}$ m 답 $1\frac{3}{4}$ m	
	8 $1\frac{7}{12}$ m	9 $\frac{1}{3}$ m

1 ❶ (동하가 가지고 있는 철사의 길이)
$$=4\frac{3}{4}+\frac{5}{12}=4\frac{9}{12}+\frac{5}{12}$$
$$=4\frac{14}{12}=5\frac{2}{12}=5\frac{1}{6}\ (\text{m})$$
❷ (세인이가 가지고 있는 철사의 길이)
  $+$(동하가 가지고 있는 철사의 길이)
$$=4\frac{3}{4}+5\frac{1}{6}=4\frac{9}{12}+5\frac{2}{12}=9\frac{11}{12}\ (\text{m})$$

2 (오늘 내린 비의 양)$=2\frac{2}{3}+1\frac{1}{7}=2\frac{14}{21}+1\frac{3}{21}$
$$=3\frac{17}{21}\ (\text{mm})$$
(어제 내린 비의 양)$+$(오늘 내린 비의 양)
$$=2\frac{2}{3}+3\frac{17}{21}=2\frac{14}{21}+3\frac{17}{21}=5\frac{31}{21}=6\frac{10}{21}\ (\text{mm})$$

3 (파프리카의 양)$=3\frac{4}{15}-\frac{11}{20}=3\frac{16}{60}-\frac{33}{60}$
$$=2\frac{76}{60}-\frac{33}{60}=2\frac{43}{60}\ (\text{kg})$$
(방울토마토의 양)$+$(파프리카의 양)
$$=3\frac{4}{15}+2\frac{43}{60}=3\frac{16}{60}+2\frac{43}{60}=5\frac{59}{60}\ (\text{kg})$$

4 ❶ (색 테이프 3장의 길이의 합)
$$=3\frac{1}{6}+3\frac{1}{6}+3\frac{1}{6}=9\frac{3}{6}=9\frac{1}{2}\ (\text{m})$$
❷ (겹쳐진 부분의 길이의 합)
$$=\frac{5}{8}+\frac{5}{8}=\frac{10}{8}=1\frac{2}{8}=1\frac{1}{4}\ (\text{m})$$

❸ (이어 붙인 색 테이프의 전체 길이)
  $=$(색 테이프 3장의 길이의 합)
   $-$(겹쳐진 부분의 길이의 합)
$$=9\frac{1}{2}-1\frac{1}{4}=9\frac{2}{4}-1\frac{1}{4}=8\frac{1}{4}\ (\text{m})$$

5 (색 테이프 3장의 길이의 합)
$$=2\frac{4}{9}+2\frac{4}{9}+2\frac{4}{9}=6\frac{12}{9}=7\frac{3}{9}=7\frac{1}{3}\ (\text{m})$$
(겹쳐진 부분의 길이의 합)$=\frac{3}{5}+\frac{3}{5}=\frac{6}{5}=1\frac{1}{5}\ (\text{m})$
⇨ (이어 붙인 색 테이프의 전체 길이)
$$=7\frac{1}{3}-1\frac{1}{5}=7\frac{5}{15}-1\frac{3}{15}=6\frac{2}{15}\ (\text{m})$$

6 (색 테이프 3장의 길이의 합)$=1\frac{3}{5}+3\frac{1}{8}+2\frac{7}{10}$
$$=1\frac{24}{40}+3\frac{5}{40}+2\frac{28}{40}$$
$$=6\frac{57}{40}=7\frac{17}{40}\ (\text{m})$$
(겹쳐진 부분의 길이의 합)$=\frac{1}{4}+\frac{1}{4}=\frac{2}{4}=\frac{1}{2}\ (\text{m})$
⇨ (이어 붙인 색 테이프의 전체 길이)
$$=7\frac{17}{40}-\frac{1}{2}=7\frac{17}{40}-\frac{20}{40}=6\frac{57}{40}-\frac{20}{40}=6\frac{37}{40}\ (\text{m})$$

7 ❷ (ㄴ~ㄷ)$=5\frac{1}{8}+3\frac{5}{6}-7\frac{5}{24}$
$$=\left(5\frac{3}{24}+3\frac{20}{24}\right)-7\frac{5}{24}$$
$$=8\frac{23}{24}-7\frac{5}{24}=1\frac{18}{24}=1\frac{3}{4}\ (\text{m})$$

8 (ㄴ~ㄷ)$=$(ㄱ~ㄷ)$+$(ㄴ~ㄹ)$-$(ㄱ~ㄹ)
$$=4\frac{2}{3}+7\frac{4}{9}-10\frac{19}{36}=\left(4\frac{6}{9}+7\frac{4}{9}\right)-10\frac{19}{36}$$
$$=11\frac{10}{9}-10\frac{19}{36}=11\frac{40}{36}-10\frac{19}{36}$$
$$=1\frac{21}{36}=1\frac{7}{12}\ (\text{m})$$

다른 풀이
(ㄷ~ㄹ)$=$(ㄱ~ㄹ)$-$(ㄱ~ㄷ)
$$=10\frac{19}{36}-4\frac{2}{3}=10\frac{19}{36}-4\frac{24}{36}$$
$$=9\frac{55}{36}-4\frac{24}{36}=5\frac{31}{36}\ (\text{m})$$
(ㄴ~ㄷ)$=$(ㄴ~ㄹ)$-$(ㄷ~ㄹ)
$$=7\frac{4}{9}-5\frac{31}{36}=7\frac{16}{36}-5\frac{31}{36}$$
$$=6\frac{52}{36}-5\frac{31}{36}=1\frac{21}{36}=1\frac{7}{12}\ (\text{m})$$

9 (색 테이프 3장의 길이의 합)

$=2\frac{4}{5}+2\frac{4}{5}+2\frac{4}{5}=6\frac{12}{5}=8\frac{2}{5}$ (m)

(겹쳐진 부분의 길이의 합)

$=$(색 테이프 3장의 길이의 합)

$\qquad-$(이어 붙인 색 테이프의 전체 길이)

$=8\frac{2}{5}-7\frac{11}{15}=8\frac{6}{15}-7\frac{11}{15}=7\frac{21}{15}-7\frac{11}{15}$

$=\frac{10}{15}=\frac{2}{3}$ (m)

➡ 색 테이프 3장을 겹치게 이어 붙였으므로

겹쳐진 부분은 2군데이고 $\frac{2}{3}=\frac{1}{3}+\frac{1}{3}$이므로

$\frac{1}{3}$ m씩 겹치게 이어 붙였습니다.

유형 02 단위분수의 합 또는 차로 나타내기

103쪽	**1** ❶ 1, 2, 5, 10 ❷ 예 7=2+5
	❸ 예 2, 5 / 2, 5 / 5, 2 　답 예 5, 2
	2 예 8, 5 　　　**3** 예 14, 2
104쪽	**4** ❶ 1, 2, 3, 4, 6, 8, 12, 24
	❷ 5=6−1 또는 5=8−3
	❸ $\frac{5}{24}=\frac{1}{3}-\frac{1}{8}$ 　답 3, 8
	5 2, 5 　　　**6** 4, 9

1 ❶ 10의 약수: 1, 2, 5, 10

❷ 분자 7을 분모의 약수의 합으로 나타내면
7=2+5입니다.

❸ $\frac{7}{10}=\frac{2+5}{10}=\frac{2}{10}+\frac{5}{10}=\frac{1}{5}+\frac{1}{2}$

2 분모 40의 약수: 1, 2, 4, 5, 8, 10, 20, 40

분자 13=5+8이므로

$\frac{13}{40}=\frac{5+8}{40}=\frac{5}{40}+\frac{8}{40}=\frac{1}{8}+\frac{1}{5}$

3 $\frac{4}{7}=\frac{8}{14}=\frac{12}{21}=\cdots\cdots$이므로

$\frac{4}{7}$와 크기가 같은 분수 $\frac{8}{14}$에서

분모 14의 약수: 1, 2, 7, 14

분자 8=1+7이므로

$\frac{4}{7}=\frac{8}{14}=\frac{1+7}{14}=\frac{1}{14}+\frac{7}{14}=\frac{1}{14}+\frac{1}{2}$

주의

$\frac{4}{7}$에서 분모 7의 약수는 1, 7이므로 4를 분모의 약수의 합으로 나타낼 수 없습니다.

4 ❶ 24의 약수: 1, 2, 3, 4, 6, 8, 12, 24

❷ 분자 5를 분모의 약수의 차로 나타내면
5=6−1 또는 5=8−3입니다.

❸ $\frac{5}{24}=\frac{6-1}{24}=\frac{6}{24}-\frac{1}{24}=\frac{1}{4}-\frac{1}{24}$ (×)

$\frac{5}{24}=\frac{8-3}{24}=\frac{8}{24}-\frac{3}{24}=\frac{1}{3}-\frac{1}{8}$ (○)

5 분모 10의 약수: 1, 2, 5, 10

분자 3=5−2이므로

$\frac{3}{10}=\frac{5-2}{10}=\frac{5}{10}-\frac{2}{10}=\frac{1}{2}-\frac{1}{5}$

6 분모 36의 약수: 1, 2, 3, 4, 6, 9, 12, 18, 36

분자 5=6−1 또는 5=9−4이므로

$\frac{5}{36}=\frac{6-1}{36}=\frac{6}{36}-\frac{1}{36}=\frac{1}{6}-\frac{1}{36}$ (×)

$\frac{5}{36}=\frac{9-4}{36}=\frac{9}{36}-\frac{4}{36}=\frac{1}{4}-\frac{1}{9}$ (○)

유형 03 모르는 수 구하기

105쪽	**1** ❶ $\frac{2}{3}$ ❷ $1\frac{17}{24}$ 　답 $1\frac{17}{24}$
	2 $1\frac{26}{27}$ 　　　**3** $2\frac{11}{12}$
106쪽	**4** ❶ +에 ○표 ❷ $2\frac{17}{48}$ ❸ $\frac{13}{24}$ 　답 $\frac{13}{24}$
	5 $1\frac{47}{110}$ 　　　**6** $\frac{4}{15}$
107쪽	**7** ❶ −에 ○표 / +에 ○표 ❷ $\frac{19}{36}$ ❸ $\frac{19}{36}$ L
	답 $\frac{19}{36}$ L
	8 $\frac{5}{12}$ L 　　　**9** $1\frac{2}{15}$ L

1 ❶ $1\frac{1}{6}-\frac{1}{2}=1\frac{1}{6}-\frac{3}{6}=\frac{7}{6}-\frac{3}{6}=\frac{4}{6}=\frac{2}{3}$이므로

$\frac{2}{3}+■=2\frac{3}{8}$

❷ $\frac{2}{3}+■=2\frac{3}{8}$에서

$■=2\frac{3}{8}-\frac{2}{3}=2\frac{9}{24}-\frac{16}{24}=1\frac{33}{24}-\frac{16}{24}=1\frac{17}{24}$

2 $\dfrac{2}{3}+1\dfrac{4}{27}=\dfrac{18}{27}+1\dfrac{4}{27}=1\dfrac{22}{27}$ 이므로

$1\dfrac{22}{27}+\square=3\dfrac{7}{9}$ 에서

$\square=3\dfrac{7}{9}-1\dfrac{22}{27}=3\dfrac{21}{27}-1\dfrac{22}{27}=2\dfrac{48}{27}-1\dfrac{22}{27}$

$\qquad=1\dfrac{26}{27}$

3 $4\dfrac{2}{3}-\square+\dfrac{1}{4}=2$

$\rightarrow 4\dfrac{2}{3}-\square=2-\dfrac{1}{4}=1\dfrac{3}{4},$

$\quad\square=4\dfrac{2}{3}-1\dfrac{3}{4}=4\dfrac{8}{12}-1\dfrac{9}{12}$

$\qquad=3\dfrac{20}{12}-1\dfrac{9}{12}=2\dfrac{11}{12}$

4 ❷ $\blacksquare+1\dfrac{13}{16}=4\dfrac{1}{6}$ 에서

$\quad\blacksquare=4\dfrac{1}{6}-1\dfrac{13}{16}=4\dfrac{8}{48}-1\dfrac{39}{48}=3\dfrac{56}{48}-1\dfrac{39}{48}$

$\qquad=2\dfrac{17}{48}$

❸ (어떤 수) $-1\dfrac{13}{16}=2\dfrac{17}{48}-1\dfrac{13}{16}=2\dfrac{17}{48}-1\dfrac{39}{48}$

$\qquad\qquad\qquad\qquad=1\dfrac{65}{48}-1\dfrac{39}{48}=\dfrac{26}{48}=\dfrac{13}{24}$

5 어떤 수를 $\square$라 하면

잘못 계산한 식에서 $\square-\dfrac{4}{11}=\dfrac{7}{10},$

$\square=\dfrac{7}{10}+\dfrac{4}{11}=\dfrac{77}{110}+\dfrac{40}{110}=\dfrac{117}{110}=1\dfrac{7}{110}$

따라서 바르게 계산하면

$1\dfrac{7}{110}+\dfrac{4}{11}=1\dfrac{7}{110}+\dfrac{40}{110}=1\dfrac{47}{110}$ 입니다.

6 어떤 수를 $\square$라 하면

잘못 계산한 식에서 $\dfrac{2}{3}+\square=1\dfrac{1}{15},$

$\square=1\dfrac{1}{15}-\dfrac{2}{3}=\dfrac{16}{15}-\dfrac{10}{15}=\dfrac{6}{15}=\dfrac{2}{5}$

따라서 바르게 계산하면

$\dfrac{2}{3}-\dfrac{2}{5}=\dfrac{10}{15}-\dfrac{6}{15}=\dfrac{4}{15}$ 입니다.

7 ❷ $\dfrac{7}{9}-\dfrac{1}{8}=\dfrac{56}{72}-\dfrac{9}{72}=\dfrac{47}{72}$ 이므로

$\quad\dfrac{47}{72}=\blacksquare+\dfrac{1}{8},$

$\quad\blacksquare=\dfrac{47}{72}-\dfrac{1}{8}=\dfrac{47}{72}-\dfrac{9}{72}=\dfrac{38}{72}=\dfrac{19}{36}$

8 처음 ㉮ 병에 들어 있던 우유의 양을 $\square$ L라 하면

$\square+\dfrac{1}{4}=\dfrac{11}{12}-\dfrac{1}{4}$ 입니다.

$\dfrac{11}{12}-\dfrac{1}{4}=\dfrac{11}{12}-\dfrac{3}{12}=\dfrac{8}{12}=\dfrac{2}{3}$ 이므로

$\square+\dfrac{1}{4}=\dfrac{2}{3},\square=\dfrac{2}{3}-\dfrac{1}{4}=\dfrac{8}{12}-\dfrac{3}{12}=\dfrac{5}{12}$ 입니다.

따라서 처음 ㉮ 병에 들어 있던 우유는 $\dfrac{5}{12}$ L입니다.

9 처음 ㉯ 병에 들어 있던 음료수의 양을 $\square$ L라 하면

$4\dfrac{8}{15}-1\dfrac{7}{10}=\square+1\dfrac{7}{10}$ 입니다.

$4\dfrac{8}{15}-1\dfrac{7}{10}=4\dfrac{16}{30}-1\dfrac{21}{30}=3\dfrac{46}{30}-1\dfrac{21}{30}$

$\qquad\qquad\qquad=2\dfrac{25}{30}=2\dfrac{5}{6}$ 이므로

$2\dfrac{5}{6}=\square+1\dfrac{7}{10},$

$\square=2\dfrac{5}{6}-1\dfrac{7}{10}=2\dfrac{25}{30}-1\dfrac{21}{30}=1\dfrac{4}{30}=1\dfrac{2}{15}$ 입니다.

따라서 처음 ㉯ 병에 들어 있던 음료수는 $1\dfrac{2}{15}$ L입니다.

유형 **04** 조건에 맞는 분자의 범위 구하기

108쪽	**1** ❶ $\dfrac{7}{9}$ ❷ 49 ❸ 1, 2, 3, 4, 5
	답 1, 2, 3, 4, 5
	2 1, 2, 3, 4 　　　　 **3** 8
109쪽	**4** ❶ 48 ❷ 52 ❸ 1, 2, 3, 4, 5, 6
	답 1, 2, 3, 4, 5, 6
	5 1, 2, 3 　　　　 **6** 7

1 ❶ $\dfrac{4}{9}+\dfrac{1}{3}=\dfrac{4}{9}+\dfrac{3}{9}=\dfrac{7}{9}$

❷ $\dfrac{7}{9}>\dfrac{\blacksquare}{7}\rightarrow\dfrac{49}{63}>\dfrac{\blacksquare\times9}{63}\rightarrow 49>\blacksquare\times9$

❸ $49>\blacksquare\times9$ 에서 $5\times9=45,6\times9=54$ 이므로

$\blacksquare$ 에 들어갈 수 있는 자연수는 1, 2, 3, 4, 5입니다.

2 $\dfrac{3}{8}+\dfrac{11}{20}=\dfrac{15}{40}+\dfrac{22}{40}=\dfrac{37}{40}$ 이므로

$\dfrac{3}{8}+\dfrac{11}{20}>\dfrac{\square}{5}\rightarrow\dfrac{37}{40}>\dfrac{\square}{5}\rightarrow\dfrac{37}{40}>\dfrac{\square\times8}{40}$

$\rightarrow 37>\square\times8$

$37>\square\times8$ 에서 $4\times8=32,5\times8=40$ 이므로

$\square$ 안에 들어갈 수 있는 자연수는 1, 2, 3, 4입니다.

3 $5\frac{1}{5}-2\frac{3}{4}=5\frac{4}{20}-2\frac{15}{20}=4\frac{24}{20}-2\frac{15}{20}=2\frac{9}{20}$

이므로

$5\frac{1}{5}-2\frac{3}{4}<\frac{\square}{3}\rightarrow\frac{49}{20}\left(=2\frac{9}{20}\right)<\frac{\square}{3}$

$\rightarrow\frac{147}{60}<\frac{\square\times20}{60}\rightarrow147<\square\times20$

$147<\square\times20$에서 $7\times20=140$, $8\times20=160$이므로

$\square$ 안에 들어갈 수 있는 자연수는 $8, 9, 10\cdots$이고

이 중에서 가장 작은 수는 8입니다.

4 ❷ $\frac{1}{6}+\frac{48+\blacksquare\times3}{24}=\frac{4}{24}+\frac{48+\blacksquare\times3}{24}$

$=\frac{4+48+\blacksquare\times3}{24}$

$=\frac{52+\blacksquare\times3}{24}$,

$3=\frac{72}{24}$이므로

$\frac{1}{6}+\frac{48+\blacksquare\times3}{24}<3\rightarrow\frac{52+\blacksquare\times3}{24}<\frac{72}{24}$

$\rightarrow52+\blacksquare\times3<72$

❸ $52+\blacksquare\times3<72$에서 $\blacksquare\times3<20$이므로

$\blacksquare$에 들어갈 수 있는 자연수는 $1, 2, 3, 4, 5, 6$입니다.

5 $\frac{9}{10}+\frac{\square}{7}=\frac{63}{70}+\frac{\square\times10}{70}=\frac{63+\square\times10}{70}$이고,

$1\frac{5}{14}=1\frac{25}{70}=\frac{95}{70}$이므로 $\frac{63+\square\times10}{70}<\frac{95}{70}$입니다.

$\Rightarrow63+\square\times10<95$에서 $\square\times10<32$이므로

$\square$ 안에 들어갈 수 있는 자연수는 $1, 2, 3$입니다.

6 $2\frac{\square}{9}-\frac{31}{36}=2\frac{\square\times4}{36}-\frac{31}{36}=\frac{72+\square\times4-31}{36}$

$=\frac{41+\square\times4}{36}$이고,

$2=\frac{72}{36}$이므로 $\frac{41+\square\times4}{36}<\frac{72}{36}$입니다.

$\Rightarrow41+\square\times4<72$에서 $\square\times4<31$이므로

$\square$ 안에 들어갈 수 있는 자연수는 $1, 2, 3, 4, 5, 6, 7$이

고 이 중에서 가장 큰 수는 7입니다.

유형 05 수 카드로 만든 대분수의 합 또는 차 구하기

| 110쪽 | **1** ❶ $9\frac{5}{7}$ ❷ $2\frac{5}{9}$ ❸ $12\frac{17}{63}$ 탑 $12\frac{17}{63}$ |
| | **2** $9\frac{1}{35}$ **3** $5\frac{1}{4}$ |

111쪽	**4** ❶ 9, 1 ❷ 3, 7, $\frac{11}{56}$ / 5, 7, $\frac{19}{56}$ ❸ $8\frac{19}{56}$
	탑 $8\frac{19}{56}$
	5 $6\frac{3}{10}$ **6** $12\frac{1}{4}$

1 ❶ 자연수 부분에 가장 큰 수인 9를 놓고, 나머지 수 카

드로 만든 진분수의 크기를 비교하면

$\frac{5}{7}\left(=\frac{25}{35}\right)>\frac{2}{5}\left(=\frac{14}{35}\right)>\frac{2}{7}$이므로 $9\frac{5}{7}$입니다.

❷ 자연수 부분에 가장 작은 수인 2를 놓고, 나머지 수

카드로 만든 진분수의 크기를 비교하면

$\frac{5}{9}<\frac{5}{7}\left(=\frac{45}{63}\right)<\frac{7}{9}\left(=\frac{49}{63}\right)$이므로 $2\frac{5}{9}$입니다.

❸ $9\frac{5}{7}+2\frac{5}{9}=9\frac{45}{63}+2\frac{35}{63}=11\frac{80}{63}=12\frac{17}{63}$

2 • 가장 큰 대분수: 자연수 부분에 가장 큰 수인 7을 놓고,

나머지 수 카드로 만든 진분수의 크기를 비교하면

$\frac{3}{5}\left(=\frac{9}{15}\right)>\frac{1}{3}\left(=\frac{5}{15}\right)>\frac{1}{5}$이므로 $7\frac{3}{5}$입니다.

• 가장 작은 대분수: 자연수 부분에 가장 작은 수인 1을

놓고, 나머지 수 카드로 만든 진분수의 크기를 비교하면

$\frac{3}{7}<\frac{3}{5}\left(=\frac{21}{35}\right)<\frac{5}{7}\left(=\frac{25}{35}\right)$이므로 $1\frac{3}{7}$입니다.

$\Rightarrow7\frac{3}{5}+1\frac{3}{7}=7\frac{21}{35}+1\frac{15}{35}=8\frac{36}{35}=9\frac{1}{35}$

3 • 가장 큰 대분수: 자연수 부분에 가장 큰 수인 8을 놓고,

나머지 수 카드로 만든 진분수의 크기를 비교하면

$\frac{3}{4}\left(=\frac{9}{12}\right)>\frac{4}{6}\left(=\frac{8}{12}\right)>\frac{3}{6}$이므로 $8\frac{3}{4}$입니다.

• 가장 작은 대분수: 자연수 부분에 가장 작은 수인 3을

놓고, 나머지 수 카드로 만든 진분수의 크기를 비교하면

$\frac{4}{8}<\frac{4}{6}\left(=\frac{16}{24}\right)<\frac{6}{8}\left(=\frac{18}{24}\right)$이므로 $3\frac{4}{8}$입니다.

$\Rightarrow8\frac{3}{4}-3\frac{4}{8}=8\frac{3}{4}-3\frac{2}{4}=5\frac{1}{4}$

4 ❶ 두 대분수의 차가 가장 크게 되려면 자연수 부분에

가장 큰 수 9와 가장 작은 수 1을 놓습니다.

❷ $\frac{7}{8}-\frac{3}{5}=\frac{35}{40}-\frac{24}{40}=\frac{11}{40}$

$\frac{5}{8}-\frac{3}{7}=\frac{35}{56}-\frac{24}{56}=\frac{11}{56}$

$\frac{5}{7}-\frac{3}{8}=\frac{40}{56}-\frac{21}{56}=\frac{19}{56}$

❸ $\frac{19}{56}\left(=\frac{95}{280}\right)>\frac{11}{40}\left(=\frac{77}{280}\right)>\frac{11}{56}\left(=\frac{55}{280}\right)$

이므로

$9\frac{5}{7}-1\frac{3}{8}=9\frac{40}{56}-1\frac{21}{56}=8\frac{19}{56}$

5 두 대분수의 차가 가장 크게 되려면 자연수 부분에 가장 큰 수 8과 가장 작은 수 2를 놓고, 나머지 수 카드로 만들 수 있는 두 진분수의 차를 알아보면

$\dfrac{5}{6}-\dfrac{3}{4}=\dfrac{1}{12}=\dfrac{5}{60}$, $\dfrac{4}{6}-\dfrac{3}{5}=\dfrac{1}{15}=\dfrac{4}{60}$,

$\dfrac{4}{5}-\dfrac{3}{6}=\dfrac{3}{10}=\dfrac{18}{60}$입니다.

⇨ $8\dfrac{4}{5}-2\dfrac{3}{6}=8\dfrac{24}{30}-2\dfrac{15}{30}=6\dfrac{9}{30}=6\dfrac{3}{10}$

6 두 대분수의 합이 가장 크게 되려면 자연수 부분에 6, 5를 각각 놓고, 나머지 수 카드로 만들 수 있는 두 진분수의 합을 알아보면

$\dfrac{3}{4}+\dfrac{1}{2}=1\dfrac{1}{4}$, $\dfrac{2}{4}+\dfrac{1}{3}=\dfrac{5}{6}$, $\dfrac{1}{4}+\dfrac{2}{3}=\dfrac{11}{12}$입니다.

⇨ $6\dfrac{3}{4}+5\dfrac{1}{2}=6\dfrac{3}{4}+5\dfrac{2}{4}=11\dfrac{5}{4}=12\dfrac{1}{4}$ 또는

$6\dfrac{1}{2}+5\dfrac{3}{4}=6\dfrac{2}{4}+5\dfrac{3}{4}=11\dfrac{5}{4}=12\dfrac{1}{4}$

유형 06 도형에서 분수의 덧셈과 뺄셈의 활용

112쪽

1 ❶ 가로, 세로(또는 세로, 가로) ❷ $4\dfrac{1}{9}$ m

❸ $1\dfrac{7}{9}$ m 답 $1\dfrac{7}{9}$ m

2 $3\dfrac{2}{3}$ m **3** $2\dfrac{1}{5}$ m

113쪽

4 ❶ $2\dfrac{5}{6}$ ❷ $6\dfrac{2}{3}$ ❸ $3\dfrac{1}{3}$ 답 $3\dfrac{1}{3}$

5 $2\dfrac{2}{5}$ **6** $4\dfrac{5}{7}$

---

1 ❷ 직사각형의 네 변의 길이의 합이 $8\dfrac{2}{9}$ m이고,

$8\dfrac{2}{9}=4\dfrac{1}{9}+4\dfrac{1}{9}$이므로

(가로)+(세로)$=4\dfrac{1}{9}$ (m)입니다.

❸ (가로)$=4\dfrac{1}{9}-2\dfrac{1}{3}=3\dfrac{10}{9}-2\dfrac{3}{9}=1\dfrac{7}{9}$ (m)

2 직사각형의 네 변의 길이의 합이 $12\dfrac{8}{15}$ m이고,

$12\dfrac{8}{15}=6\dfrac{4}{15}+6\dfrac{4}{15}$이므로

(가로)+(세로)$=6\dfrac{4}{15}$ (m)입니다.

⇨ (세로)$=6\dfrac{4}{15}-2\dfrac{3}{5}=5\dfrac{19}{15}-2\dfrac{9}{15}$

$=3\dfrac{10}{15}=3\dfrac{2}{3}$ (m)

---

3 직사각형의 네 변의 길이의 합이 $6\dfrac{24}{35}$ m이고,

$6\dfrac{24}{35}=3\dfrac{12}{35}+3\dfrac{12}{35}$이므로

(가로)+(세로)$=3\dfrac{12}{35}$ (m)입니다.

⇨ (가로)$=3\dfrac{12}{35}-1\dfrac{1}{7}=3\dfrac{12}{35}-1\dfrac{5}{35}$

$=2\dfrac{7}{35}=2\dfrac{1}{5}$ (m)

4 ❷ $\blacksquare+\blacksquare+2\dfrac{5}{6}=9\dfrac{1}{2}$,

$\blacksquare+\blacksquare=9\dfrac{1}{2}-2\dfrac{5}{6}=9\dfrac{3}{6}-2\dfrac{5}{6}$

$=8\dfrac{9}{6}-2\dfrac{5}{6}=6\dfrac{4}{6}=6\dfrac{2}{3}$

❸ $6\dfrac{2}{3}=3\dfrac{1}{3}+3\dfrac{1}{3}$이므로

$\blacksquare=3\dfrac{1}{3}$입니다.

5 이등변삼각형이므로 세 변의 길이의 합은

$\square+\square+3\dfrac{3}{4}=8\dfrac{11}{20}$입니다.

$\square+\square+3\dfrac{3}{4}=8\dfrac{11}{20}$,

$\square+\square=8\dfrac{11}{20}-3\dfrac{3}{4}=7\dfrac{31}{20}-3\dfrac{15}{20}=4\dfrac{16}{20}=4\dfrac{4}{5}$이고,

$4\dfrac{4}{5}=2\dfrac{2}{5}+2\dfrac{2}{5}$이므로

$\square=2\dfrac{2}{5}$입니다.

6 이등변삼각형이므로 세 변의 길이의 합은

$\square+\square+3\dfrac{1}{2}=12\dfrac{13}{14}$입니다.

$\square+\square+3\dfrac{1}{2}=12\dfrac{13}{14}$,

$\square+\square=12\dfrac{13}{14}-3\dfrac{1}{2}=12\dfrac{13}{14}-3\dfrac{7}{14}$

$=9\dfrac{6}{14}=9\dfrac{3}{7}$이고,

$9\dfrac{3}{7}=8\dfrac{10}{7}=4\dfrac{5}{7}+4\dfrac{5}{7}$이므로

$\square=4\dfrac{5}{7}$입니다.

> **참고**
> 자연수 부분이 똑같은 두 수로 나누어지지 않으면 자연수 부분에서 1을 분수 부분으로 바꾸어 줍니다.
> $9\dfrac{3}{7}=8\dfrac{10}{7}=4\dfrac{5}{7}+4\dfrac{5}{7}$

유형 07 조건에 맞게 구하기

114쪽	1 ❶ $\frac{8}{15}$ ❷ $\frac{4}{15}$ ❸ $\frac{1}{6}$ 답 $\frac{4}{15}$, $\frac{1}{6}$	
	2 $\frac{2}{5}$, $\frac{7}{20}$	3 $\frac{4}{7}$, $\frac{5}{21}$
115쪽	4 ❶ 66 ❷ $\frac{33}{40}$ 답 $\frac{33}{40}$	
	5 $\frac{31}{70}$	6 $\frac{25}{28}$

1 ❶ $⑦+④+⑦-④=\frac{13}{30}+\frac{1}{10}=\frac{13}{30}+\frac{3}{30}$

$=\frac{16}{30}=\frac{8}{15}$

→ $⑦+⑦=\frac{8}{15}$

❷ $\frac{8}{15}=\frac{4}{15}+\frac{4}{15}$이므로 $⑦=\frac{4}{15}$

❸ $⑦+④=\frac{13}{30}$에서

$④=\frac{13}{30}-⑦=\frac{13}{30}-\frac{4}{15}=\frac{13}{30}-\frac{8}{30}=\frac{5}{30}=\frac{1}{6}$

2 $⑦+④+⑦-④=\frac{3}{4}+\frac{1}{20}=\frac{15}{20}+\frac{1}{20}=\frac{16}{20}=\frac{4}{5}$

→ $⑦+⑦=\frac{4}{5}$이고,

$\frac{4}{5}=\frac{2}{5}+\frac{2}{5}$이므로 $⑦=\frac{2}{5}$

$⑦+④=\frac{3}{4}$에서

$④=\frac{3}{4}-⑦=\frac{3}{4}-\frac{2}{5}=\frac{15}{20}-\frac{8}{20}=\frac{7}{20}$

다른 풀이

$\frac{3}{4}=\frac{15}{20}$이므로 두 수의 합이 15이고, 두 수의 차가 1인 자연수를 찾으면 8과 7입니다.

⇨ $⑦=\frac{8}{20}=\frac{2}{5}$, $④=\frac{7}{20}$

3 두 기약분수 중에서 큰 수를 ⑦, 작은 수를 ④라고 하면

$⑦+④=\frac{17}{21}$, $⑦-④=\frac{1}{3}$

$⑦+④+⑦-④=\frac{17}{21}+\frac{1}{3}=\frac{17}{21}+\frac{7}{21}=\frac{24}{21}=\frac{8}{7}$

→ $⑦+⑦=\frac{8}{7}$이고,

$\frac{8}{7}=\frac{4}{7}+\frac{4}{7}$이므로 $⑦=\frac{4}{7}$

$⑦+④=\frac{17}{21}$에서

$④=\frac{17}{21}-⑦=\frac{17}{21}-\frac{4}{7}=\frac{17}{21}-\frac{12}{21}=\frac{5}{21}$

4 ❶ $\frac{7}{10}+\frac{13}{40}+\frac{5}{8}=\frac{28}{40}+\frac{13}{40}+\frac{25}{40}=\frac{66}{40}$

❷ $\frac{66}{40}=\frac{33}{40}+\frac{33}{40}$이므로

$⑦+④+⑤+⑦+④+⑤=\frac{33}{40}+\frac{33}{40}$

⇨ $⑦+④+⑤=\frac{33}{40}$

5 $⑦+④+④+⑤+⑤+⑦$

$=\frac{12}{35}+\frac{17}{70}+\frac{3}{10}=\frac{24}{70}+\frac{17}{70}+\frac{21}{70}=\frac{62}{70}$

$⑦+④+⑤+⑦+④+⑤$

$=⑦+④+⑤+⑦+④+⑤$이고,

$\frac{62}{70}=\frac{31}{70}+\frac{31}{70}$이므로

$⑦+④+⑤+⑦+④+⑤=\frac{31}{70}+\frac{31}{70}$입니다.

⇨ $⑦+④+⑤=\frac{31}{70}$

6 $⑦+④+④+⑤+⑤+⑦=\frac{3}{4}+\frac{11}{28}+\frac{9}{14}$

$=\frac{21}{28}+\frac{11}{28}+\frac{18}{28}=\frac{50}{28}$

$⑦+④+⑤+⑤+⑤+⑦$

$=⑦+④+⑤+⑦+④+⑤$이고,

$\frac{50}{28}=\frac{25}{28}+\frac{25}{28}$이므로

$⑦+④+⑤+⑦+④+⑤=\frac{25}{28}+\frac{25}{28}$입니다.

⇨ $⑦+④+⑤=\frac{25}{28}$

유형 08 실생활에서 분수의 덧셈과 뺄셈의 활용

116쪽	1 ❶ $\frac{1}{2}$시간 ❷ $4\frac{11}{15}$시간 답 $4\frac{11}{15}$시간	
	2 $2\frac{3}{20}$시간	3 $3\frac{49}{60}$시간
117쪽	4 ❶ 밤 ❷ $4\frac{1}{36}$ kg ❸ $1\frac{7}{18}$ kg	
	답 $1\frac{7}{18}$ kg	
	5 $1\frac{7}{12}$ kg	6 $1\frac{4}{15}$ kg
118쪽	7 ❶ 성원: $\frac{1}{4}$, 나연: $\frac{1}{12}$ ❷ $\frac{1}{3}$ ❸ 3일	
	답 3일	
	8 6일	9 3일

1 ❶ $30분=\dfrac{30}{60}시간=\dfrac{1}{2}시간$

❷ (걸린 시간)
= (기차를 탄 시간) + (버스를 탄 시간) + (걸어서 간 시간)
$=3\dfrac{2}{5}+\dfrac{5}{6}+\dfrac{1}{2}=\left(3\dfrac{12}{30}+\dfrac{25}{30}\right)+\dfrac{1}{2}=4\dfrac{7}{30}+\dfrac{1}{2}$
$=4\dfrac{7}{30}+\dfrac{15}{30}=4\dfrac{22}{30}=4\dfrac{11}{15}(시간)$

2 $10분=\dfrac{10}{60}시간=\dfrac{1}{6}시간$

(걸린 시간)
= (피아노 연습을 한 시간) + (쉬는 시간) + (독서를 한 시간)
$=1\dfrac{7}{30}+\dfrac{1}{6}+\dfrac{3}{4}=\left(1\dfrac{7}{30}+\dfrac{5}{30}\right)+\dfrac{3}{4}=1\dfrac{12}{30}+\dfrac{3}{4}$
$=1\dfrac{2}{5}+\dfrac{3}{4}=1\dfrac{8}{20}+\dfrac{15}{20}=1\dfrac{23}{20}=2\dfrac{3}{20}(시간)$

3 $15분=\dfrac{15}{60}시간=\dfrac{1}{4}시간$

(통영에 도착하는 데 걸린 시간)
$=1\dfrac{2}{3}+\dfrac{1}{4}+1\dfrac{9}{10}=\left(1\dfrac{8}{12}+\dfrac{3}{12}\right)+1\dfrac{9}{10}$
$=1\dfrac{11}{12}+1\dfrac{9}{10}=1\dfrac{55}{60}+1\dfrac{54}{60}=2\dfrac{109}{60}=3\dfrac{49}{60}(시간)$

4 ❷ (물의 반의 무게)$=9\dfrac{4}{9}-5\dfrac{5}{12}=9\dfrac{16}{36}-5\dfrac{15}{36}$
$=4\dfrac{1}{36}(kg)$

❸ (빈 통의 무게)
= (물의 반을 덜어 낸 후 통의 무게)
  − (전체 물의 반의 무게)
$=5\dfrac{5}{12}-4\dfrac{1}{36}=5\dfrac{15}{36}-4\dfrac{1}{36}=1\dfrac{14}{36}=1\dfrac{7}{18}(kg)$

5 (귤의 반의 무게)
= (귤이 가득 든 상자의 무게)
  − (귤의 반을 이웃집에 드리고 난 후의 상자의 무게)
$=6\dfrac{2}{3}-4\dfrac{1}{8}=6\dfrac{16}{24}-4\dfrac{3}{24}=2\dfrac{13}{24}(kg)$

⇨ (빈 상자의 무게)
= (귤의 반을 이웃집에 드리고 난 후의 상자의 무게)
  − (귤의 반의 무게)
$=4\dfrac{1}{8}-2\dfrac{13}{24}=4\dfrac{3}{24}-2\dfrac{13}{24}=3\dfrac{27}{24}-2\dfrac{13}{24}$
$=1\dfrac{14}{24}=1\dfrac{7}{12}(kg)$

6 $\left(주스의 \dfrac{1}{3}의 무게\right)$
= (주스가 가득 든 병의 무게)
  $-\left(주스의 \dfrac{1}{3}만큼을 마시고 난 후의 병의 무게\right)$이므로

$\left(주스의 \dfrac{1}{3}의 무게\right)=2\dfrac{1}{15}-1\dfrac{4}{5}=2\dfrac{1}{15}-1\dfrac{12}{15}$
$=1\dfrac{16}{15}-1\dfrac{12}{15}=\dfrac{4}{15}(kg)$

(전체 주스의 무게)$=\dfrac{4}{15}+\dfrac{4}{15}+\dfrac{4}{15}=\dfrac{12}{15}=\dfrac{4}{5}(kg)$

⇨ (빈 병의 무게)
= (주스가 가득 든 병의 무게) − (전체 주스의 무게)
$=2\dfrac{1}{15}-\dfrac{4}{5}=1\dfrac{16}{15}-\dfrac{12}{15}=1\dfrac{4}{15}(kg)$

다른 풀이
$\left(주스의 \dfrac{1}{3}의 무게\right)$
$=2\dfrac{1}{15}-1\dfrac{4}{5}=2\dfrac{1}{15}-1\dfrac{12}{15}=1\dfrac{16}{15}-1\dfrac{12}{15}=\dfrac{4}{15}(kg)$
⇨ (빈 병의 무게)
$=\left(주스의 \dfrac{2}{3}가 들어 있는 병의 무게\right)-\left(주스의 \dfrac{2}{3}의 무게\right)$
$=1\dfrac{4}{5}-\left(\dfrac{4}{15}+\dfrac{4}{15}\right)=1\dfrac{4}{5}-\dfrac{8}{15}=1\dfrac{12}{15}-\dfrac{8}{15}$
$=1\dfrac{4}{15}(kg)$

7 ❶ 성원: $\dfrac{1}{4}$, 나연: $\dfrac{1}{12}$

❷ (두 사람이 함께 하루에 하는 일의 양)
$=\dfrac{1}{4}+\dfrac{1}{12}=\dfrac{3}{12}+\dfrac{1}{12}=\dfrac{4}{12}=\dfrac{1}{3}$

❸ $\dfrac{1}{3}+\dfrac{1}{3}+\dfrac{1}{3}=1$이므로 두 사람이 함께 한다면 일을 모두 끝내는 데 3일이 걸립니다.

8 전체 일의 양을 1이라고 하면 지수와 은솔이가 하루에 하는 일의 양은 각각 $\dfrac{1}{15}$, $\dfrac{1}{10}$입니다.

(두 사람이 함께 하루에 하는 일의 양)
$=\dfrac{1}{15}+\dfrac{1}{10}=\dfrac{2}{30}+\dfrac{3}{30}=\dfrac{5}{30}=\dfrac{1}{6}$
⇨ $\dfrac{1}{6}+\dfrac{1}{6}+\dfrac{1}{6}+\dfrac{1}{6}+\dfrac{1}{6}+\dfrac{1}{6}=1$이므로 두 사람이 함께 한다면 일을 모두 끝내는 데 6일이 걸립니다.

9 전체 일의 양을 1이라고 하면 예림이와 준우가 하루에 하는 일의 양은 각각 $\dfrac{1}{5}$, $\dfrac{1}{7}$입니다.

(두 사람이 함께 하루에 하는 일의 양)
$=\dfrac{1}{5}+\dfrac{1}{7}=\dfrac{7}{35}+\dfrac{5}{35}=\dfrac{12}{35}$
⇨ $\dfrac{12}{35}+\dfrac{12}{35}+\dfrac{12}{35}=\dfrac{36}{35}=1\dfrac{1}{35}$이므로 두 사람이 함께 한다면 일을 모두 끝내는 데 3일이 걸립니다.

119쪽	**01** $4\dfrac{1}{40}$ km	**02** $2\dfrac{7}{9}$ m	**03** $\dfrac{3}{70}$
120쪽	**04** 4	**05** $8\dfrac{5}{18}$	**06** $2\dfrac{1}{12}$ m
121쪽	**07** $3, 6, 9$	**08** 13분 4초	**09** 5일

01 $(㉠\sim㉣)=(㉠\sim㉢)+(㉡\sim㉣)-(㉡\sim㉢)$

$$=1\dfrac{1}{2}+3\dfrac{2}{5}-\dfrac{7}{8}=\left(1\dfrac{5}{10}+3\dfrac{4}{10}\right)-\dfrac{7}{8}$$

$$=4\dfrac{9}{10}-\dfrac{7}{8}=4\dfrac{36}{40}-\dfrac{35}{40}=4\dfrac{1}{40} \text{ (km)}$$

02 직사각형의 네 변의 길이의 합이 $14\dfrac{2}{9}$ m이고

$14\dfrac{2}{9}=7\dfrac{1}{9}+7\dfrac{1}{9}$이므로

(가로)$+$(세로)$=7\dfrac{1}{9}$ (m)입니다.

$\Rightarrow$ (세로)$=7\dfrac{1}{9}-4\dfrac{1}{3}=6\dfrac{10}{9}-4\dfrac{3}{9}=2\dfrac{7}{9}$ (m)

03 어떤 수를 □라 하면

잘못 계산한 식에서 $□+\dfrac{3}{10}=\dfrac{9}{14}$,

$□=\dfrac{9}{14}-\dfrac{3}{10}=\dfrac{45}{70}-\dfrac{21}{70}=\dfrac{24}{70}=\dfrac{12}{35}$

따라서 바르게 계산하면

$\dfrac{12}{35}-\dfrac{3}{10}=\dfrac{24}{70}-\dfrac{21}{70}=\dfrac{3}{70}$입니다.

04 $1\dfrac{3}{8}+\dfrac{□}{6}=1\dfrac{9}{24}+\dfrac{□\times4}{24}=\dfrac{33}{24}+\dfrac{□\times4}{24}$

$=\dfrac{33+□\times4}{24}$이고, $2=\dfrac{48}{24}$이므로

$\dfrac{33+□\times4}{24}>\dfrac{48}{24}$입니다.

$\Rightarrow 33+□\times4>48$에서 $□\times4>15$이므로 □ 안에 들어갈 수 있는 자연수는 $4, 5, 6\cdots\cdots$이고 이 중에서 가장 작은 수는 4입니다.

05 • 가장 큰 대분수: 자연수 부분에 가장 큰 수인 9를 놓고, 나머지 수 카드로 만든 진분수의 크기를 비교하면

$\dfrac{1}{2}\left(=\dfrac{3}{6}\right)>\dfrac{2}{6}>\dfrac{1}{6}$이므로 $9\dfrac{1}{2}$입니다.

• 가장 작은 대분수: 자연수 부분에 가장 작은 수인 1을 놓고, 나머지 수 카드로 만든 진분수의 크기를 비교하면

$\dfrac{2}{9}\left(=\dfrac{4}{18}\right)<\dfrac{2}{6}\left(=\dfrac{6}{18}\right)<\dfrac{6}{9}\left(=\dfrac{12}{18}\right)$이므로 $1\dfrac{2}{9}$입니다.

$\Rightarrow 9\dfrac{1}{2}-1\dfrac{2}{9}=9\dfrac{9}{18}-1\dfrac{4}{18}=8\dfrac{5}{18}$

06 (겹쳐진 부분의 길이의 합)$=\dfrac{2}{3}+\dfrac{2}{3}=\dfrac{4}{3}=1\dfrac{1}{3}$ (m)

(색 테이프 3장의 길이의 합)

$=$(이어 붙인 색 테이프의 전체 길이)

$\quad+$(겹쳐진 부분의 길이의 합)

$=4\dfrac{11}{12}+1\dfrac{1}{3}=4\dfrac{11}{12}+1\dfrac{4}{12}=5\dfrac{15}{12}=6\dfrac{3}{12}$ (m)

따라서 색 테이프 3장의 길이는 모두 같고

$6\dfrac{3}{12}=2\dfrac{1}{12}+2\dfrac{1}{12}+2\dfrac{1}{12}$이므로

색 테이프 한 장의 길이는 $2\dfrac{1}{12}$ m입니다.

07 분모 18의 약수: $1, 2, 3, 6, 9, 18$

분자 $11=2+3+6$이므로

$\dfrac{11}{18}=\dfrac{2+3+6}{18}=\dfrac{2}{18}+\dfrac{3}{18}+\dfrac{6}{18}=\dfrac{1}{9}+\dfrac{1}{6}+\dfrac{1}{3}$

따라서 $㉠<㉡<㉢$이므로 $㉠=3, ㉡=6, ㉢=9$입니다.

08 통나무를 5도막으로 자르려면 4번 잘라야 하고, 4번 자르는 사이에 3번 쉽니다.

(4번 자르는 데 걸리는 시간)

$=2\dfrac{2}{3}+2\dfrac{2}{3}+2\dfrac{2}{3}+2\dfrac{2}{3}=8\dfrac{8}{3}=10\dfrac{2}{3}$(분)

(3번 쉬는 시간)$=\dfrac{4}{5}+\dfrac{4}{5}+\dfrac{4}{5}=\dfrac{12}{5}=2\dfrac{2}{5}$(분)

$\Rightarrow$ (5도막으로 자르는 데 걸리는 시간)

$=10\dfrac{2}{3}+2\dfrac{2}{5}=10\dfrac{10}{15}+2\dfrac{6}{15}$

$=12\dfrac{16}{15}=13\dfrac{1}{15}$(분)이고,

1분$=60$초에서 1초$=\dfrac{1}{60}$분이므로

$13\dfrac{1}{15}$분$=13\dfrac{4}{60}$분 $\rightarrow 13$분 4초가 걸립니다.

09 찬호가 하루에 하는 일의 양은 전체의 $\dfrac{1}{6}=\dfrac{2}{12}$이고,

대영이가 하루에 하는 일의 양은 전체의 $\dfrac{1}{4}=\dfrac{3}{12}$입니다.

전체 일의 양을 1이라고 하면

$\dfrac{2}{12}+\dfrac{3}{12}+\dfrac{2}{12}+\dfrac{3}{12}+\dfrac{2}{12}=1$이므로

두 사람이 하루씩 번갈아 가며 일을 한다면 일을 모두 끝내는 데 5일이 걸립니다.

6 다각형의 둘레와 넓이

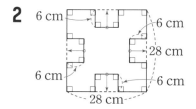

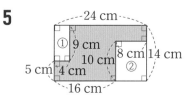

❷ (도형의 넓이)
  =(큰 직사각형의 넓이)-①의 넓이)-②의 넓이)
  =15×10-3×3-5×4
  =150-9-20=121 (cm²)

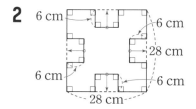

유형 **01**	직각으로 이루어진 도형의 둘레, 넓이

124쪽	**1** ❶ (위에서부터) 30, 14 ❷ 106 cm
	답 106 cm
	2 160 cm **3** 78 m
125쪽	**4** ❶ (위에서부터) 15, 5 / —에 ○표
	❷ 121 cm² **답** 121 cm²
	5 220 cm² **6** 52 m²

1 ❷ 안쪽으로 들어간 부분의 변을 평행하게 옮기면 도형의 둘레는 가로가 30 cm, 세로가 14 cm인 직사각형의 둘레에 9 cm인 변의 길이를 2번 더한 것과 같습니다.
  (도형의 둘레)=(30+14)×2+9×2
         =88+18=106 (cm)

2

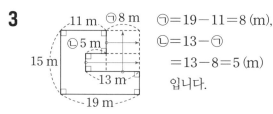

(도형의 둘레)
=(한 변의 길이가 28 cm인 정사각형의 둘레)
  +(6 cm인 변 8개의 길이의 합)
=28×4+6×8
=112+48=160 (cm)

3

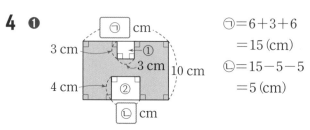

㉠=19-11=8 (m),
㉡=13-㉠
  =13-8=5 (m)
  입니다.

(도형의 둘레)
=(가로가 19 m, 세로가 15 m인 직사각형의 둘레)
  +(5 m인 변 2개의 길이의 합)
=(19+15)×2+5×2
=68+10=78 (m)

4 ❶

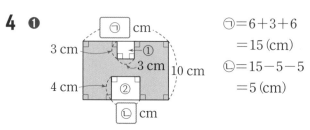

㉠=6+3+6
  =15 (cm)
㉡=15-5-5
  =5 (cm)

5

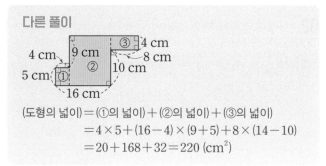

(도형의 넓이)
=(큰 직사각형의 넓이)-①의 넓이)-②의 넓이)
=24×14-4×9-8×10
=336-36-80=220 (cm²)

다른 풀이

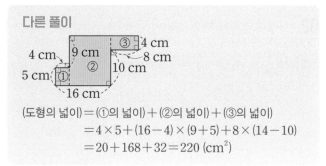

(도형의 넓이)=(①의 넓이)+(②의 넓이)+(③의 넓이)
     =4×5+(16-4)×(9+5)+8×(14-10)
     =20+168+32=220 (cm²)

6

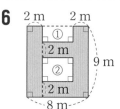

①, ②를 붙이면 가로가 8-2-2=4 (m),
세로가 9-2-2=5 (m)인 직사각형이 됩니다.
(색칠한 부분의 넓이)
=(큰 직사각형의 넓이)-①, ②의 넓이의 합)
=8×9-4×5
=72-20=52 (m²)

유형 **02**	직사각형, 정사각형의 둘레와 넓이

126쪽	**1** ❶ 12 / 12, 26 ❷ 7 cm ❸ 133 cm²
	답 133 cm²
	2 273 cm² **3** 450 cm²
127쪽	**4** ❶ 4 / 4, 20 ❷ 가로: 4 cm, 세로: 16 cm
	❸ 256 cm² **답** 256 cm²
	5 100 cm² **6** 144 cm²
128쪽	**7** ❶ 7 cm ❷ 490 cm² **답** 490 cm²
	8 300 cm² **9** 56 cm

1 ❶ 둘레가 52 cm이므로
(가로와 세로의 합)=52÷2=26 (cm)
❷ (■+12)+■=26, ■+■=14, ■=14÷2=7
세로는 7 cm입니다.
❸ 직사각형의 세로가 7 cm이므로
(가로)=7+12=19 (cm)
⇨ (직사각형의 넓이)=19×7=133 (cm²)

2 가로를 □cm라 하면 세로는 (□−8) cm입니다.
(가로와 세로의 합)=□+(□−8)=68÷2=34 (cm)
이므로 □+□=42, □=21입니다.
직사각형의 가로가 21 cm이므로
(세로)=21−8=13 (cm)
⇨ (직사각형의 넓이)=21×13=273 (cm²)

3 (철사의 길이)=(정육각형의 둘레)=15×6=90 (cm)
이므로 직사각형의 둘레도 90 cm입니다.
직사각형의 세로를 □cm라 하면 가로는 (□×2) cm입니다.
(가로와 세로의 합)=(□×2)+□=90÷2=45 (cm)
이므로 □×3=45, □=45÷3=15입니다.
직사각형의 세로가 15 cm이므로
(가로)=15×2=30 (cm)
⇨ (만든 직사각형의 넓이)=30×15=450 (cm²)

4 ❶ (가로와 세로의 합)=(둘레)÷2=40÷2=20 (cm)
❷ ■+(■×4)=20, ■×5=20, ■=4이므로
직사각형의 가로는 4 cm이고,
세로는 4×4=16 (cm)입니다.
❸ 정사각형의 한 변의 길이는 가장 작은 직사각형의
세로와 같으므로 16 cm입니다.
따라서 정사각형의 넓이는 16×16=256 (cm²)입니다.

5 가장 작은 직사각형의 세로를 □cm라 하면
(가로)=(□×5) cm입니다.
(가로와 세로의 합)=(□×5)+□=24÷2=12,
□×6=12, □=2
직사각형의 세로는 2 cm이고, 가로는 2×5=10 (cm)
이므로 정사각형의 한 변의 길이는 10 cm입니다.
⇨ (정사각형의 넓이)=10×10=100 (cm²)

6
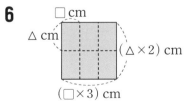
가장 작은 직사각형의 가로를 □cm, 세로를 △cm라
하면 둘레가 20 cm이므로 □×2+△×2=20입니다.

정사각형에서 □×3=△×2이므로
□×2+□×3=20, □×5=20, □=4
(정사각형의 한 변의 길이)=4×3=12 (cm)
⇨ (정사각형의 넓이)=12×12=144 (cm²)

7 ❶ 이어 붙인 도형의 둘레 112 cm는 작은 정사각형의
한 변의 길이의 16배와 같습니다.
(작은 정사각형의 한 변의 길이)=112÷16
=7 (cm)
❷ (전체 넓이)=(작은 정사각형 10개의 넓이)
=7×7×10=490 (cm²)

8 이어 붙인 도형의 둘레 90 cm는 작은 정사각형의 한 변
의 길이의 18배와 같습니다.
(작은 정사각형의 한 변의 길이)=90÷18=5 (cm)
⇨ (전체 넓이)=(작은 정사각형 12개의 넓이)
=5×5×12=300 (cm²)

9 전체 넓이는 128 cm²이고 작은 정사각형 넓이의 8배이
므로
(작은 정사각형 한 개의 넓이)=128÷8=16 (cm²)
4×4=16이므로 작은 정사각형의 한 변의 길이는
4 cm입니다.
도형의 둘레는 작은 정사각형의 한 변의 길이의 14배이
므로 4×14=56 (cm)입니다.

참고
그림과 같이 변을 옮겨서 생각하면
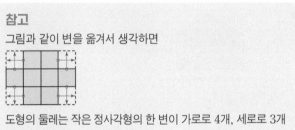
도형의 둘레는 작은 정사각형의 한 변이 가로로 4개, 세로로 3개
인 직사각형의 둘레와 같습니다.
따라서 도형의 둘레는 작은 정사각형의 한 변의 길이의
(4+3)×2=14(배)입니다.

유형 03 복잡한 도형의 넓이

129쪽	**1** ❶ 66 cm² ❷ 42 cm² ❸ 108 cm²
	🗐 108 cm²
	2 260 cm² **3** 48 m²

4 ❶
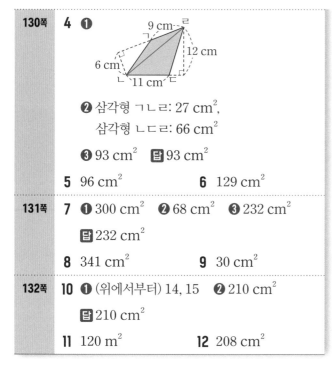

9 cm
12 cm
6 cm
11 cm

❷ 삼각형 ㄱㄴㄹ: 27 cm²,
삼각형 ㄴㄷㄹ: 66 cm²

❸ 93 cm²　답 93 cm²

5 96 cm²　　　　**6** 129 cm²

7 ❶ 300 cm²　❷ 68 cm²　❸ 232 cm²

답 232 cm²

8 341 cm²　　　**9** 30 cm²

10 ❶ (위에서부터) 14, 15　❷ 210 cm²

답 210 cm²

11 120 m²　　　**12** 208 cm²

---

1 ❶ (사다리꼴 ㄱㄴㄹㅁ의 넓이)$= (8+14) \times 6 \div 2$
$= 66 \, (\text{cm}^2)$

❷ (삼각형 ㄴㄷㄹ의 넓이)$= 14 \times 6 \div 2 = 42 \, (\text{cm}^2)$

❸ (도형의 넓이)
$=$ (사다리꼴 ㄱㄴㄹㅁ의 넓이)
$+$ (삼각형 ㄴㄷㄹ의 넓이)
$= 66 + 42 = 108 \, (\text{cm}^2)$

2
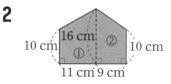

16 cm
10 cm　①　②　10 cm
11 cm　9 cm

(도형의 넓이)
$=$ (사다리꼴 ①의 넓이)$+$(사다리꼴 ②의 넓이)
$= (10+16) \times 11 \div 2 + (16+10) \times 9 \div 2$
$= 143 + 117 = 260 \, (\text{cm}^2)$

3
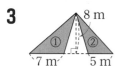

8 m
①　②
7 m　5 m

(색칠한 부분의 넓이)
$=$ (삼각형 ①의 넓이)$+$(삼각형 ②의 넓이)
$= 7 \times 8 \div 2 + 5 \times 8 \div 2$
$= 28 + 20 = 48 \, (\text{m}^2)$

4 ❶ 선분 ㄴㄹ을 그어 삼각형 ㄱㄴㄹ과 삼각형 ㄴㄷㄹ로
나눕니다.

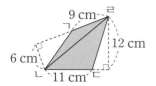

9 cm
12 cm
6 cm
11 cm

---

❷ (삼각형 ㄱㄴㄹ의 넓이)$= 9 \times 6 \div 2 = 27 \, (\text{cm}^2)$
(삼각형 ㄴㄷㄹ의 넓이)$= 11 \times 12 \div 2 = 66 \, (\text{cm}^2)$

❸ (사각형 ㄱㄴㄷㄹ의 넓이)
$=$ (삼각형 ㄱㄴㄹ의 넓이)$+$(삼각형 ㄴㄷㄹ의 넓이)
$= 27 + 66 = 93 \, (\text{cm}^2)$

5 도형을 삼각형과 사다리꼴로 나누어 넓이를 구합니다.

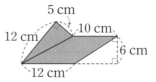

5 cm
12 cm　10 cm
6 cm
12 cm

(도형의 넓이)
$=$ (삼각형의 넓이)$+$(사다리꼴의 넓이)
$= 5 \times 12 \div 2 + (10+12) \times 6 \div 2$
$= 30 + 66 = 96 \, (\text{cm}^2)$

6 도형을 삼각형과 사다리꼴로 나누어 넓이를 구합니다.

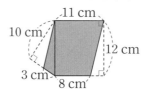

11 cm
10 cm　12 cm
3 cm　8 cm

(도형의 넓이)$=$ (삼각형의 넓이)$+$(사다리꼴의 넓이)
$= 3 \times 10 \div 2 + (11+8) \times 12 \div 2$
$= 15 + 114 = 129 \, (\text{cm}^2)$

7 ❶ (사다리꼴 ㄱㄷㄹㅁ의 넓이)
$= (24+16) \times 15 \div 2$
$= 300 \, (\text{cm}^2)$

❷ (삼각형 ㄱㄷㄴ의 넓이)
$= 17 \times 8 \div 2 = 68 \, (\text{cm}^2)$

❸ (도형의 넓이)
$=$ (사다리꼴 ㄱㄷㄹㅁ의 넓이)
$-$ (삼각형 ㄱㄷㄴ의 넓이)
$= 300 - 68 = 232 \, (\text{cm}^2)$

8 (도형의 넓이)$=$ (사다리꼴의 넓이)$-$(삼각형의 넓이)
$= (17+25) \times (13+8) \div 2 - 25 \times 8 \div 2$
$= 441 - 100 = 341 \, (\text{cm}^2)$

9 작은 마름모의 대각선의 길이는 각각 $10 \div 2 = 5 \, (\text{cm})$,
$8 \div 2 = 4 \, (\text{cm})$입니다.
⇨ (색칠한 부분의 넓이)
$=$ (큰 마름모의 넓이)$-$(작은 마름모의 넓이)
$= 10 \times 8 \div 2 - 5 \times 4 \div 2$
$= 40 - 10 = 30 \, (\text{cm}^2)$

10 ❶ 잘라 내고 남은 부분을 모으면
밑변의 길이는 $20-3-3=14$ (cm)이고,
높이는 15 cm인 평행사변형이 됩니다.
❷ (남은 부분의 넓이)$=14\times15$
$=210$ (cm^2)

11 길을 제외한 땅을 모으면
밑변의 길이는 $12-2=10$ (m)이고,
높이는 $14-2=12$ (m)인 평행사변형이 됩니다.

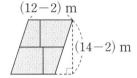

➡ (길을 제외한 땅의 넓이)$=10\times12=120$ (m^2)

12 잘라 내고 남은 부분을 모으면
가로는 $24-4-4=16$ (cm)이고,
세로는 $18-5=13$ (cm)인 직사각형이 됩니다.

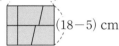

➡ (남은 부분의 넓이)$=16\times13$
$=208$ (cm^2)

유형 **04** 삼각형의 넓이 이용하기

133쪽	**1** ❶ 12 cm ❷ 144 cm^2 달 144 cm^2		
	2 140 cm^2	**3** 100 cm^2	
134쪽	**4** ❶ 12 cm ❷ 12 cm ❸ 264 cm^2		
	달 264 cm^2		
	5 984 cm^2	**6** 336 cm^2	
135쪽	**7** ❶ 96 cm^2 ❷ 480 cm^2 ❸ 38 cm		
	달 38 cm		
	8 27 cm	**9** 5 cm	

1 ❶ 삼각형 ㄱㄴㅁ의 넓이가 30 cm^{2}이고,
(높이)$=$(삼각형의 넓이)$\times2\div$(밑변의 길이)이므로
(선분 ㄱㅁ)$=30\times2\div5=12$ (cm)입니다.
❷ 평행사변형 ㄱㄴㄷㄹ의 높이는 삼각형 ㄱㄴㅁ에서
밑변이 선분 ㄴㅁ일 때의 높이와 같으므로
12 cm입니다.
➡ (평행사변형 ㄱㄴㄷㄹ의 넓이)$=12\times12$
$=144$ (cm^2)

2 삼각형 ㄹㅁㄷ의 넓이가 40 cm^{2}이므로
(높이)$=40\times2\div8=10$ (cm)입니다.
평행사변형 ㄱㄴㄷㄹ의 높이는 삼각형 ㄹㅁㄷ에서 밑변
이 선분 ㅁㄷ일 때의 높이와 같으므로 10 cm입니다.
➡ (평행사변형 ㄱㄴㄷㄹ의 넓이)$=14\times10$
$=140$ (cm^2)

3 삼각형 ㄱㄴㅁ의 넓이가 35 cm^{2}이므로
(선분 ㄴㅁ)$=35\times2\div10=7$ (cm)입니다.
➡ (변 ㄴㄷ)$=7+3=10$ (cm)이므로
(평행사변형 ㄱㄴㄷㄹ의 넓이)$=10\times10$
$=100$ (cm^2)

4 ❶ (삼각형 ㄱㄷㄹ의 넓이)$=28\times6\div2$
$=84$ (cm^2)
삼각형 ㄱㄷㄹ에서 밑변의 길이가 14 cm일 때
높이는 $84\times2\div14=12$ (cm)입니다.
❷ 사다리꼴 ㄱㄴㄷㄹ의 높이는 삼각형 ㄱㄷㄹ의 밑변
의 길이가 14 cm일 때의 높이와 같으므로
12 cm입니다.
❸ (사다리꼴 ㄱㄴㄷㄹ의 넓이)$=(14+30)\times12\div2$
$=264$ (cm^2)

5 (삼각형 ㄴㄷㄹ의 넓이)$=30\times40\div2=600$ (cm^2)
삼각형 ㄴㄷㄹ에서 밑변의 길이가 50 cm일 때
높이는 $600\times2\div50=24$ (cm)입니다.
사다리꼴 ㄱㄴㄷㄹ의 높이는 삼각형 ㄴㄷㄹ의 밑변의 길
이가 50 cm일 때의 높이와 같으므로 24 cm입니다.
➡ (사다리꼴 ㄱㄴㄷㄹ의 넓이)$=(32+50)\times24\div2$
$=984$ (cm^2)

6 (삼각형 ㄱㄴㅁ의 넓이)$=20\times12\div2=120$ (cm^2)
삼각형 ㄱㄴㅁ에서 밑변의 길이가 15 cm일 때
높이는 $120\times2\div15=16$ (cm)입니다.
사다리꼴 ㄱㄴㄷㄹ의 높이는 삼각형 ㄱㄴㅁ의 밑변의 길
이가 15 cm일 때의 높이와 같으므로 16 cm입니다.
➡ (사다리꼴 ㄱㄴㄷㄹ의 넓이)
$=(16+15+11)\times16\div2=336$ (cm^2)

7 ❶ (삼각형 ㄱㄴㅁ의 넓이)$=12\times16\div2=96$ (cm^2)
❷ (사다리꼴 ㄱㅁㄷㄹ의 넓이)
$=$(삼각형 ㄱㄴㅁ의 넓이)$\times5$
$=96\times5=480$ (cm^2)
❸ 사다리꼴 ㄱㅁㄷㄹ의 넓이가 480 cm^{2}이므로
선분 ㅁㄷ의 길이를 □ cm라 하면
$(22+□)\times16\div2=480$,
$(22+□)\times16=480\times2=960$,
$22+□=960\div16=60$, $□=60-22=38$

8 (삼각형 ㅁㄷㄹ의 넓이)＝$15 \times 30 \div 2 = 225$ (cm²)

(사다리꼴 ㄱㄴㄷㅁ의 넓이)

＝(삼각형 ㅁㄷㄹ의 넓이)×3＝$225 \times 3 = 675$ (cm²)

선분 ㄱㅁ의 길이를 □ cm라 하면

(□＋18)×30÷2＝675,

(□＋18)×30＝675×2＝1350,

□＋18＝1350÷30＝45, □＝45－18＝27

다른 풀이

삼각형과 사다리꼴의 높이가 같고, 사다리꼴의 넓이가 삼각형의 넓이의 3배이므로

사다리꼴의 (윗변의 길이＋아랫변의 길이)는 삼각형의 밑변의 길이의 3배입니다.

선분 ㄱㅁ의 길이를 □ cm라 하면

□＋18＝15×3＝45, □＝45－18＝27

9 (삼각형 ㄱㄴㅁ의 넓이)＝$10 \times 12 \div 2 = 60$ (cm²)

삼각형 ㄱㄴㅁ과 사각형 ㄱㅁㄷㄹ의 넓이가 같으므로 사다리꼴 ㄱㄴㄷㄹ의 넓이는 삼각형 ㄱㄴㅁ 넓이의 2배입니다.

(사다리꼴 ㄱㄴㄷㄹ의 넓이)

＝(삼각형 ㄱㄴㅁ의 넓이)×2＝$60 \times 2 = 120$ (cm²)

선분 ㄴㄷ의 길이를 □ cm라 하면

(12＋4)×□÷2＝120, 16×□÷2＝120,

16×□＝120×2＝240, □＝240÷16＝15

⇨ (선분 ㅁㄷ)＝(선분 ㄴㄷ)－(선분 ㄴㅁ)

＝15－10＝5 (cm)

유형 05 두 도형을 붙이거나 겹쳐서 만든 도형

136쪽	**1**	❶ 55 cm²	❷ 11 cm	❸ 48 cm
		답 48 cm		
	2	56 cm		**3** 72 cm²
137쪽	**4**	❶ 15 cm²	❷ 186 cm²	답 186 cm²
	5	176 cm²		**6** 450 cm²
138쪽	**7**	❶ 사각형 ㅂㅅㄷㅁ	❷ 162 cm²	
		❸ 6 cm	답 6 cm	
	8	8 cm		**9** 7 cm

---

1 ❶ (정사각형 ㅂㄷㄹㅁ의 넓이)＝$8 \times 8 = 64$ (cm²)

(직사각형 ㄱㄴㄷㅅ의 넓이)＝119－64

＝55 (cm²)

❷ 사각형 ㅂㄷㄹㅁ은 정사각형이므로

(선분 ㄷㄹ)＝8 cm

⇨ (선분 ㄴㄷ)＝13－8＝5 (cm)

직사각형 ㄱㄴㄷㅅ의 넓이가 55 cm²이므로

(변 ㄱㄴ)＝55÷5＝11 (cm)

❸ 변 ㅂㅁ과 변 ㅅㅂ을 평행하게 옮기면 만든 도형의 둘레는 가로가 13 cm, 세로가 11 cm인 직사각형의 둘레와 같으므로 (13＋11)×2＝48 (cm)입니다.

2 (정사각형의 넓이)＝$10 \times 10 = 100$ (cm²)

(직사각형의 넓이)＝156－100＝56 (cm²)

직사각형의 가로는 14－10＝4 (cm)이므로

세로는 56÷4＝14 (cm)입니다.

만든 도형의 둘레는 한 변의 길이가 14 cm인 정사각형의 둘레와 같으므로

14×4＝56 (cm)입니다.

3 (직사각형 ㉮의 가로)

＝45÷9＝5 (cm)

만든 도형의 둘레 46 cm는

가로가 5＋6＝11 (cm),

세로가 □ cm인 직사각형의 둘레와 같으므로

(11＋□)×2＝46, 11＋□＝46÷2＝23,

□＝23－11＝12

⇨ (직사각형 ㉯의 넓이)＝6×12＝72 (cm²)

4 ❶ 겹쳐진 부분은 가로가 12－7＝5 (cm),

세로가 9－6＝3 (cm)인 직사각형입니다.

(겹쳐진 부분의 넓이)＝5×3＝15 (cm²)

❷ (색칠한 부분의 넓이)

＝((직사각형 1개의 넓이)－(겹쳐진 부분의 넓이))×2

＝(12×9－15)×2＝(108－15)×2

＝93×2＝186 (cm²)

5 겹쳐진 부분은 가로가 10－7＝3 (cm),

세로가 10－6＝4 (cm)인 직사각형입니다.

(겹쳐진 부분의 넓이)＝3×4＝12 (cm²)

⇨ (색칠한 부분의 넓이)

＝((정사각형 1개의 넓이)－(겹쳐진 부분의 넓이))×2

＝(10×10－12)×2＝(100－12)×2

＝88×2＝176 (cm²)

6 겹쳐진 부분은 가로가 $18-12=6$ (cm), 세로가 3 cm
인 직사각형입니다.
(겹쳐진 부분의 넓이)$=6\times3=18$ (cm^2)
⇨ (만든 도형의 전체 넓이)
$=$(큰 정사각형의 넓이)$+$(작은 정사각형의 넓이)
$\quad-$(겹쳐진 부분의 넓이)
$=18\times18+12\times12-18$
$=324+144-18=450$ (cm^2)

7 ❶ 직사각형 ㄱㄴㄷㄹ과 평행사변형 ㅂㄴㄷㅁ은 넓이
가 같고 삼각형 ㅅㄴㄷ은 직사각형 ㄱㄴㄷㄹ과 평행
사변형 ㅂㄴㄷㅁ에 공통으로 속하므로
사각형 ㄱㄴㅅㄹ과 사각형 ㅂㅅㄷㅁ의 넓이는 같습
니다.
❷ 사각형 ㄱㄴㅅㄹ과 사각형 ㅂㅅㄷㅁ의 넓이가 같으
므로
(사각형 ㄱㄴㅅㄹ의 넓이)$=324\div2=162$ (cm^2)
❸ 사각형 ㄱㄴㅅㄹ은 사다리꼴이므로
선분 ㄹㅅ의 길이를 □ cm라 하면
$(21+□)\times12\div2=162$,
$(21+□)\times12=162\times2=324$,
$21+□=324\div12=27$, $□=27-21=6$

8 삼각형 ㄱㄴㄷ과 삼각형 ㄹㅁㅂ은 모양과 크기가 같으
로 넓이가 같고, 삼각형 ㅅㅁㄷ은 삼각형 ㄱㄴㄷ과
삼각형 ㄹㅁㅂ에 공통으로 속하므로
사각형 ㄱㄴㅁㅅ과 사각형 ㄹㅅㄷㅂ의 넓이는 같습니다.
색칠한 부분의 넓이가 168 cm^{2}이므로
(사각형 ㄱㄴㅁㅅ의 넓이)$=168\div2=84$ (cm^2)
⇨ 사각형 ㄱㄴㅁㅅ은 사다리꼴이므로
선분 ㅅㅁ의 길이를 □ cm라 하면
$(16+□)\times7\div2=84$,
$(16+□)\times7=84\times2=168$,
$16+□=168\div7=24$, $□=24-16=8$

9 평행사변형 ㄱㄴㄷㅂ과 직사각형 ㄱㄹㅁㅂ은 넓이가 같
습니다.
⇨ (평행사변형 ㄱㄴㄷㅂ의 넓이)
$=$(직사각형 ㄱㄹㅁㅂ의 넓이)$=4\times13=52$ (cm^2)
(삼각형 ㄱㅅㅂ의 넓이)
$=$(평행사변형 ㄱㄴㄷㅂ의 넓이)
$\quad+$(직사각형 ㄱㄹㅁㅂ의 넓이)$-$(색칠한 부분의 넓이)
$=52+52-90=14$ (cm^2)
선분 ㄱㅅ의 길이를 □ cm라 하면
$4\times□\div2=14$, $4\times□=14\times2=28$,
$□=28\div4=7$

유형 06 도형의 길이 관계, 넓이 관계

139쪽	**1** ❶ 140 cm^2 ❷ 70 cm^2 ❸ 35 cm^2
	답 35 cm^2
	2 36 cm^2 　　　　 **3** 50 cm^2
140쪽	**4** ❶ 24 cm^2 ❷ 12 cm^2 **답** 12 cm^2
	5 36 cm^2 　　　　 **6** 80 cm^2
141쪽	**7** ❶
	❷ 84 cm^2 ❸ 21 cm^2 **답** 21 cm^2
	8 26 cm^2 　　　　 **9** 32 cm^2

1 ❶ (가장 큰 마름모의 넓이)$=20\times14\div2$
$=140$ (cm^2)
❷ 직사각형의 넓이는 가장 큰 마름모의 넓이의 반이므로
(직사각형의 넓이)$=140\div2=70$ (cm^2)
❸ 색칠한 부분의 넓이는 직사각형의 넓이의 반이므로
(색칠한 부분의 넓이)$=70\div2=35$ (cm^2)

2 (가장 큰 정사각형의 넓이)$=12\times12=144$ (cm^2)
중간 크기 마름모의 넓이는 가장 큰 정사각형의 넓이의
반이므로
(중간 크기 마름모의 넓이)$=144\div2=72$ (cm^2)
가장 작은 마름모의 넓이는 중간 크기 마름모의 넓이의
반이므로
(색칠한 부분의 넓이)$=$(가장 작은 마름모의 넓이)
$=72\div2=36$ (cm^2)

3 가장 큰 마름모의 대각선의 길이는 원의 지름과 같습니다.
(가장 큰 마름모의 넓이)$=20\times20\div2=200$ (cm^2)
중간 크기 마름모의 넓이는 가장 큰 마름모의 넓이의 반
이므로
(중간 크기 마름모의 넓이)$=200\div2=100$ (cm^2)
가장 작은 마름모의 넓이는 중간 크기 마름모의 넓이의
반이므로
(가장 작은 마름모의 넓이)$=100\div2=50$ (cm^2)
⇨ (색칠한 부분의 넓이)$=100-50=50$ (cm^2)

4 ❶ 평행사변형에서 (변 ㄴㄷ)$=$(변 ㄱㄹ)$=8$ cm
⇨ (삼각형 ㄱㄴㄷ의 넓이)$=8\times6\div2$
$=24$ (cm^2)

❷ 삼각형 ㄱㅁㄷ과 삼각형 ㅁㄴㄷ의 밑변이 각각
변 ㄱㅁ, 변 ㅁㄴ일 때
높이와 같고, 밑변의 길이가 각각 같으므로
삼각형 ㄱㅁㄷ과 삼각형 ㅁㄴㄷ의 넓이는 같습니다.
➡ (삼각형 ㅁㄴㄷ의 넓이)
= (삼각형 ㄱㄴㄷ의 넓이)÷2
= 24÷2 = 12 (cm²)

5 (삼각형 ㄱㄴㄹ의 넓이)=18×16÷2=144 (cm²)
삼각형 ㄱㄴㄹ과 삼각형 ㄱㅁㅂ의 밑변이 각각
변 ㄴㄹ, 변 ㅁㅂ일 때
높이는 같고, 삼각형 ㄱㄴㄹ의 밑변의 길이가 삼각형
ㄱㅁㅂ의 밑변의 길이의 4배이므로
삼각형 ㄱㄴㄹ의 넓이는 삼각형 ㄱㅁㅂ의 넓이의 4배입
니다.
➡ (삼각형 ㄱㅁㅂ의 넓이)=144÷4=36 (cm²)

다른 풀이
(직사각형 ㄱㄴㄷㄹ의 넓이)=18×16=288 (cm²)
삼각형 ㄱㄴㄹ의 넓이는 직사각형 ㄱㄴㄷㄹ의 넓이의 반이므로
288÷2=144 (cm²)입니다.
삼각형 ㄱㄴㅂ의 넓이는 삼각형 ㄱㄴㄹ의 넓이의 반이므로
144÷2=72 (cm²)입니다.
삼각형 ㄱㅁㅂ의 넓이는 삼각형 ㄱㄴㅂ의 넓이의 반이므로
72÷2=36 (cm²)입니다.

6 삼각형 ㄱㄴㄹ과 삼각형 ㄱㅁㅂ의 밑변이 각각
변 ㄴㄹ, 변 ㅁㅂ일 때
높이는 같고, 삼각형 ㄱㄴㄹ의 밑변의 길이가 삼각형
ㄱㅁㅂ의 밑변의 길이의 3배이므로
삼각형 ㄱㄴㄹ의 넓이는 삼각형 ㄱㅁㅂ의 넓이의 3배입
니다.
마찬가지로 삼각형 ㄴㄷㄹ의 넓이는 삼각형 ㅁㄷㅂ의 넓
이의 3배입니다.
(삼각형 ㄱㄴㄹ의 넓이)=(삼각형 ㄴㄷㄹ의 넓이)
=20×12÷2=120 (cm²)
➡ (삼각형 ㄱㅁㄷ의 넓이)
= (삼각형 ㄱㅁㅂ의 넓이)+(삼각형 ㅁㄷㅂ의 넓이)
=120÷3+120÷3=80 (cm²)

7 ❶
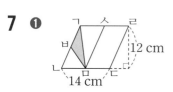

❷ 선분 ㄴㅁ과 선분 ㅁㄷ의 길이가 같으므로
평행사변형 ㄱㄴㅁㅅ의 넓이는
평행사변형 ㄱㄴㄷㄹ의 넓이의 반입니다.
(평행사변형 ㄱㄴㄷㄹ의 넓이)=14×12
=168 (cm²)
(평행사변형 ㄱㄴㅁㅅ의 넓이)=168÷2
=84 (cm²)

❸ 삼각형 ㄱㄴㅁ의 넓이는 평행사변형 ㄱㄴㅁㅅ의 넓
이의 반이므로 84÷2=42 (cm²)입니다.
삼각형 ㄱㅂㅁ의 넓이는 삼각형 ㄱㄴㅁ의 넓이의 반
이므로 42÷2=21 (cm²)입니다.

8 변 ㄴㄷ과 평행하면서 점 ㅁ을 지나
는 선분을 그어 변 ㄷㄹ과 만나는 점
을 ㅅ이라 하면
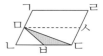
(평행사변형 ㅁㄴㄷㅅ의 넓이)
=208÷2=104 (cm²)
삼각형 ㅁㄴㄷ의 넓이는 평행사변형 ㅁㄴㄷㅅ의 넓이의
반이므로 104÷2=52 (cm²)입니다.
삼각형 ㅁㅂㄷ의 넓이는 삼각형 ㅁㄴㄷ의 넓이의 반이므로
52÷2=26 (cm²)입니다.

9 변 ㄴㄷ과 평행하면서 점 ㅁ을 지나
는 선분을 그어 변 ㄷㄹ과 만나는 점
을 ㅇ이라 하면
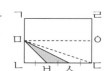
(직사각형 ㅁㄴㄷㅇ의 넓이)
=384÷2=192 (cm²)
삼각형 ㅁㄴㄷ의 넓이는 직사각형 ㅁㄴㄷㅇ의 넓이의 반
이므로 192÷2=96 (cm²)입니다.
삼각형 ㅁㄴㄷ과 삼각형 ㅁㅂㅅ의 높이는 같고,
삼각형 ㅁㄴㄷ의 밑변의 길이가 삼각형 ㅁㅂㅅ의 밑변의
길이의 3배이므로
삼각형 ㅁㄴㄷ의 넓이는 삼각형 ㅁㅂㅅ의 넓이의 3배입
니다.
➡ (삼각형 ㅁㅂㅅ의 넓이)=96÷3=32 (cm²)

단원 **6** 유형 마스터

142쪽	**01** 206 cm	**02** 64 cm, 96 cm²	
	03 768 cm²		
143쪽	**04** 4 cm	**05** 144 cm²	**06** 150 cm²
144쪽	**07** 226 cm²	**08** 4	**09** 65 cm²
145쪽	**10** 6 cm	**11** 70 cm²	**12** 48 cm

01

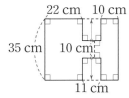

(도형의 둘레)
= (가로가 43 cm, 세로가 35 cm인 직사각형의 둘레)
+ (35−10)×2
= (43+35)×2+(35−10)×2
= 156+50=206 (cm)

02 (색칠한 부분의 둘레)
= (큰 직사각형의 둘레)+(작은 직사각형의 둘레)
= (12+10)×2+(6+4)×2
= 44+20=64 (cm)
(색칠한 부분의 넓이)
= (큰 직사각형의 넓이)−(작은 직사각형의 넓이)
= 12×10−6×4
= 120−24=96 (cm²)

03 삼각형 ㅁㄴㄷ의 넓이가 216 cm²이므로
높이는 216×2÷18=24 (cm)입니다.
평행사변형 ㄱㄴㄷㄹ의 높이는 삼각형 ㅁㄴㄷ에서 밑변
이 선분 ㅁㄴ일 때의 높이와 같으므로 24 cm입니다.
⇨ (평행사변형 ㄱㄴㄷㄹ의 넓이)=32×24
= 768 (cm²)

04 (사다리꼴 ㄱㄴㄷㅂ의 넓이)=(7+5)×6÷2
= 36 (cm²)
(삼각형 ㅂㄷㅁ의 넓이)=36÷3=12 (cm²)
선분 ㅂㅁ의 길이를 □ cm라 하면
□×6÷2=12, □×6=12×2=24,
□=24÷6=4

05 겹쳐진 부분은 두 대각선의 길이가 각각 8 cm, 6 cm
인 마름모입니다.
(색칠한 부분의 넓이)
= ((큰 마름모 1개의 넓이)−(겹쳐진 부분의 넓이))×2
= (16×12÷2−8×6÷2)×2
= (96−24)×2
= 72×2=144 (cm²)

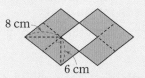
06

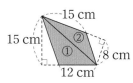

(도형의 넓이)
= (삼각형 ①의 넓이)+(삼각형 ②의 넓이)
= 12×15÷2+15×8÷2
= 90+60=150 (cm²)

07 겹쳐진 부분은 가로가 12−6=6 (cm),
세로가 12−9=3 (cm)인 직사각형입니다.
(겹쳐진 부분의 넓이)=6×3=18 (cm²)
⇨ (만든 도형의 전체 넓이)=12×12+10×10−18
= 144+100−18
= 226 (cm²)

08 길을 제외한 땅을 모으면
가로는 (22−□) m,
세로는 14−3=11 (m)인
직사각형이 됩니다.
(22−□)×11=198,
22−□=198÷11=18, □=22−18=4

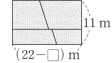

09 (색칠한 부분의 넓이)
= (세 정사각형의 넓이의 합)
−(색칠하지 않은 삼각형의 넓이)
= (8×8+7×7+6×6)−(8+7+6)×8÷2
= 149−84=65 (cm²)

10 직사각형 ㄱㄴㄷㄹ과 평행사변형 ㅁㄴㄷㅂ은 넓이가
같습니다.
(직사각형 ㄱㄴㄷㄹ의 넓이)
= (평행사변형 ㅁㄴㄷㅂ의 넓이)=9×8=72 (cm²)
(삼각형 ㅅㄴㄷ의 넓이)
= (직사각형 ㄱㄴㄷㄹ의 넓이)
+ (평행사변형 ㅁㄴㄷㅂ의 넓이)
−(색칠한 부분의 넓이)
= 72+72−117=27 (cm²)
⇨ (선분 ㅅㄷ의 길이)=27×2÷9=6 (cm)

11 (삼각형 ㄱㄴㄹ의 넓이)$= 28 \times 15 \div 2 = 210$ (cm²)
삼각형 ㄱㄴㄹ과 삼각형 ㄱㅁㅂ의 높이는 같고,
삼각형 ㄱㄴㄹ의 밑변의 길이가 삼각형 ㄱㅁㅂ의 밑변
의 길이의 3배이므로
삼각형 ㄱㄴㄹ의 넓이는 삼각형 ㄱㅁㅂ의 넓이의 3배
입니다.
⇨ (삼각형 ㄱㅁㅂ의 넓이)$= 210 \div 3 = 70$ (cm²)

12

정사각형 10개를 겹치지 않게 이어 붙여서 만들었으므로
(정사각형 한 개의 넓이)$= 90 \div 10 = 9$ (cm²)
$3 \times 3 = 9$이므로 정사각형의 한 변의 길이는 3 cm이
고 도형의 둘레는 한 변의 길이가 $3 \times 4 = 12$ (cm)인
정사각형의 둘레와 같습니다.
⇨ (도형의 둘레)$= 12 \times 4 = 48$ (cm)

memo

memo

기적의 학습서

오늘도 한 뼘 자랐습니다.

5

정답과 풀이